极简
服装史

A Brief

History of Fashion

黄士龙 —— 编著

东华大学 出版社

· 上海 ·

图书在版编目（CIP）数据

极简服装史 / 黄士龙编著. —— 上海：东华大学出
版社，2024.1
ISBN 978-7-5669-1846-8

Ⅰ. ①极… Ⅱ. ①黄… Ⅲ. ①服饰－历史－世界
Ⅳ. ①TS941-091

中国版本图书馆CIP数据核字(2021)第007614号

策划编辑　徐 建 红
责任编辑　刘　宇
书籍设计　东华时尚

出　　　版：东华大学出版社（地址：上海市延安西路1882号　邮编：200051）
本 社 网 址：dhupress.dhu.edu.cn
天猫旗舰店：dhdx.tmall.com
销 售 中 心：021-62193056 62373056 62379558
印　　　刷：上海盛通时代印刷有限公司
开　　　本：890mm×1240mm 1/32
印　　　张：5.75
字　　　数：200千字
版　　　次：2024年1月第1版
印　　　次：2024年1月第1次
书　　　号：978-7-5669-1846-8
定　　　价：78.00元

目录

中国篇

先秦服饰 007

秦汉魏晋南北朝服饰 021

隋唐服饰 035

宋辽金元服饰 045

明朝服饰 057

清朝服饰 067

民国服饰 079

中华人民共和国服饰 089

西方篇

古埃及与西亚服饰 099

古希腊、古罗马服饰 109

中世纪服饰 117

文艺复兴时期的服饰 125

17世纪服饰 137

18世纪服饰 147

19世纪服饰 157

20世纪服饰 171

中国篇

中华民族历史悠久，其文化起源于远古时期。中国服饰史也源于此时。先秦经历了夏、商、西周，以及春秋战国等历史阶段。这一时期是中国服装史的发源阶段。大约在夏商时期服饰制度初见端倪，到了周朝渐趋完善，并被纳入"礼治"范围。

原始服饰

由于原始社会距今太过遥远，要了解这一时期的服饰特征，除依靠典籍记载之外，主要依靠考古发掘所得。考古发现的实物也是最形象、最直观和最具说服力的。对于原始服饰的研究可从彩陶、岩画、实物遗存等来展开。

彩陶上的人物服饰

彩陶最早在河南渑池仰韶村新石器时代文化遗址中发现。原始彩陶作为仰韶文化的重要遗存，其上绘制的人物图画是欣赏、研究原始服饰的重要资料。

青海大通县上孙家寨出土的彩陶盆。其内壁纹饰似载歌载舞，服装抽象，仅可见轮廓，合体优雅。所绘形象共有3组，每组5人，每人均辫发下垂，手拉手，摆向一致，像在举行某种庆典或巫术仪式。

有的彩陶纹器型及所饰图案，将性别特征也表现得很鲜明，且以青少年女子形象居多。

甘肃秦安大地湾出土的人头形器口彩陶瓶。该艺术品呈现的人物有着瓜子形脸庞，披发，前额为剪齐的刘海，鼻翼微鼓，五官清秀。器身以优美的弧线为轮廓，腹部用黑彩绘出3组由弧线三角纹与柳叶纹构成的图案，在变异中求统一，造型完整，仿佛是身着花袄的西北姑娘。

岩画中的人物服饰

原始人以石为工具，在岩穴、石崖壁面进行刻画，用以反映他们的生产方式和生活内容。此类岩画在世界各地多有存在。我国岩画分布较广，分南北两大系统。北方岩画多表现人物、狩猎、动物及各种符号，南方岩画除狩猎、动物外，还以采集、房屋、村落和宗教仪式等为表现对象。甘肃嘉峪关的黑山岩画，有大量对人物形象的刻画。岩画中的人物舞姿优美动人，不仅给人带来审美愉悦感，还成为研究服饰史不可或缺的珍贵史料。

距今三四千年的康家石门子岩画，位于新疆昌吉州呼图壁县的天山腹地，所绘内容是国内外罕见的生殖图腾崇拜。在宽14米、高9米的岩面上，刻画了300多个男女人像，大者2.04米，小者仅0.19米，绝大多数为裸体形象。其中一身高1.05米的女舞者，身着抽象简洁的裙装，左肩衬着飘动的衣带，于翩然舞动中营造出一种空灵的情韵。

服装实物遗存

引起轰动、震惊中外的"楼兰美女"，及小河墓地出土的多具史前人的衣着形象，是遗存至今最早的服装实物。

楼兰美女。出土于罗布泊孔雀河下游的铁板河三角洲的一片墓地，距今3800年，以粗纺毛披风式上衣紧裹全身，前襟用磨光的尖细而光滑的木针固定，以取代纽扣；头戴缀有毛线边饰与插羽毛的毡帽，毡帽将护耳、护颈的功能合为一体，且有毛质绳系于下巴下；脚套生牛皮短靴，款式功能虽不及现代鞋靴，但对于脚面和脚跟的保护，还是很到位的。

小河公主。头戴毛毡帽，帽侧还插有棕色羽毛，身穿毛织斗篷，以木针固定，脚套牛皮短靴。从出土的每具干尸，无论男女老幼都头戴毡帽来看，这种毡帽应该是当时当地最具代表性的装束之一。

新疆出土的裤子。2014年5月，中德考古学家在塔里木盆地的洋海古墓内发现了两条有裆裤，历史可追溯到3300年前，是迄今为止世界上最古老的裤子。该裤用三块布料成型，两块用于腿部，一块用于胯部，上面以编织花纹作为装饰。

良渚玉饰

原始遗址发掘还可见兽齿、鱼骨、石珠、海贝等装饰性物品，并用赤铁矿染色，体现了原始人朦胧的审美意识。

上海青浦福泉山良渚文化遗址出土的色彩斑斓、组合繁复的玉项链，周长72厘米，由管、珠、坠串成，白玉珠间有5颗绿松石珠，侧面两颗玉珠琢有变体兽面纹，是原始先民审美意识逐步发展的例证。

1936年，浙江余杭县（今余杭区）良渚镇出土大量玉器，距今5 300~4 000年。

玉琮王。重达6.5公斤，出土于良渚镇12号墓坑。玉工细腻，装饰性线刻细若游丝。其他玉器达700多件。这些玉器围绕着墓主人的遗骸，从其头到脚摆放讲究，像是在表达某种信仰或理念。其制作的精美，连现代人也为之惊叹。

良渚玉饰品。除玉琮、玉璧外，钻孔件居多，有的形若锥体，有的像是坠饰，形态各异，观赏性极强，同时蕴含深意，例如玉琮"内圆像天，外方像地"，原始人类认为可通过它与天地、神灵、祖先等沟通。

夏商服饰

至夏商，服饰已非单纯具有实用功能，而是注入礼仪规定，被赋予统治意识：通过服饰，可以显示出着装者的身份地位。中国古代服装从此开启礼仪之世。

典籍"衣裳"和丝织品

《周易·系辞》："黄帝、尧、舜垂衣裳而天下治，盖取诸乾、坤。"把"衣裳"与"乾坤"相联，即"天下治"与"垂衣裳"关系密切，其中的统治意识显而易见。

《左传》哀公七年："禹会诸侯于涂山，执玉帛者万国。"夏朝，丝织品已成为社会地位的象征。

商朝服饰

公元前 1600 年，商王朝建立。商朝普遍养蚕，野蚕被培育为家蚕。卜辞中有祭蚕神的记载，甲骨文中多次出现"桑""蚕""丝"等字，青铜器上有蚕纹，饰物上有玉蚕纹样。贵族随身佩饰玉蚕，亦有玉蚕随葬之俗。这足可证明商对桑蚕的重视。

据对商墓发掘的石雕像、陶俑、玉制品等文物的分析，商代的奴隶和奴隶主除了社会地位的不同之外，服装上亦有明显的等级差异。奴隶服装系圆领、小袖，衣长及踝骨，服装上无任何装饰品，头发或盘至头顶，或梳至脑后。而权贵服装大多有精美纹饰，如连续的矩形纹样、不规则的双钩云纹图案，还有"蔽膝"之饰，体现穿着者的社会地位。身着此类服饰的大多为奴隶主身边的弄臣、亲信等，以及社会上有地位和影响力的人。

商青玉跽坐人佩。女佩殷墟妇好墓出土的圆雕玉人。据考证，该玉料出自和田，通体黄褐色。头梳长辫盘至头顶，约发状若圆箍，与额上方卷筒状的装饰物连接。身穿垂至足踝的交领长袍，衣袖窄长至腕，腰饰套叠式菱格纹宽带，腹饰长"蔽膝"。臀部刻有蚕纹，腿部刻有勾云纹，腰左侧向后斜出分枝云状尾式柄，类似佩剑。双手抚膝跪（踞）坐，神态肃穆。研究表明，该玉人为妇好墓玉器中最精美的绝品，应当为上层奴隶主贵族形象。

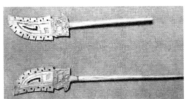

商代笄饰（发式梳理后的固定物）已很普遍，有玉做的，也有骨做的笄。

四川广汉三星堆遗址二号祭祀坑出土人像。总高262厘米，整体由立人像和台座两大部分接铸而成，其中人像高172厘米。人像头戴莲花状（代表日神）兽面纹和回字纹高冠，后脑铸一凹痕，可能用于嵌饰发簪。身着窄袖与半臂式右衽套装衣三件，最外一层为单袖半臂式连肩衣。衣上佩饰方格状类似编织而成的"绶带"，两端在背部结襻固定。它是中国，也是世界迄今发现同时代文物中最早、最大、最奇特、最神秘，且最为宏伟壮观的青铜立人雕像，被誉为"铜像之王"。

西周服饰

公元前 11 世纪中叶至公元前 8 世纪，史称西周。周统治者把王族、功臣和先代贵族等分封各地做诸侯。各诸侯既代王管理封地，又听命王令辅翼王室，并重视治民之道的研究，系统地总结出一整套治民之术，其中最突出的是"礼"与"刑"。这个"礼"，是调整社会各方面及人们行为规范的准则。

冕服仪制

周朝服饰制度具有浓重的礼仪性和等级性。达官显贵、平民百姓的服装都有严密的规定。一部《周礼》(开篇《天官冢宰》在"设官分职，以为民极"的宗旨下，就安排了近 60 个职位，其中有"司裘、掌皮、典丝、典枲、缝人、染人、屦人"等)，对服饰的规定细密、具体，从头到脚几乎没有遗漏。

根据地下发掘和古籍印证，我国的冕服至迟在周朝已经出现。冕服由冕冠、玄衣、纁裳及 12 个图案组成（染织史称十二章纹），这些图案各有含义。日、月、星辰：三光照耀，取其光明之意。龙：富于变化，有神意，用以比喻天子善于应变。山：沉稳、镇重，表示帝王雄镇四方。华虫：雉鸟华丽，喻文章有采。宗彝：祭祀用礼器，绘有一虎一蜼，以表示忠孝。藻：水中之草，取其洁净。火：炎火向上，喻黎民百姓归顺帝王。粉米：白米养人，取其滋养。黼：斧形纹样，取其决断。黻：己形纹样，取其明辨。

冕服。据《礼记·礼器》记载，天子之冕前后各有12串冕旒，每串贯玉珠12颗，总计288颗，以朱、白、苍（青）、黄、玄诸色之玉为排列顺序，并以五彩的丝线拈织穿玉。冕服有6种（即"六冕制"）：大裘冕、衮冕、鷩冕、毳冕、絺冕、玄冕。根据周制，这6种冕服各有相应的冕旒、章纹相配合。

公、侯、伯、子、男等的冕服各有仪制，包括贵妇服装，亦有等级规定。中国古代冕服仪制，以后各朝虽有变更，但大致形式没有变化，一直延续到清军入关才被废除。

深衣和玄端

深衣是平时日常穿着的主要服饰。深衣上下分裁，然后缝联，衣裳相连。最大的特点是右衽（指衣领自左折向右边）。其"制十有二幅"，即裳用料 6 幅，每幅又斜裁为二成 12 幅，可以在各种场合穿着。深衣虽是普通衣装，却以"规、矩、绳、权、衡"这五大原理制作，即衣袖圆似规、领口矩成方、背缝直如绳、下摆平衡如权。元端是男子年满 20 行加冠礼（缁布冠）之后，拜谒乡大夫、乡先生时必须穿着的服装，以示成年后行为的端正，以及对家庭和社会的责任。

玄端。西周服装还有蔽膝之饰。蔽膝，顾名思义，用于遮挡膝盖，源于远古劳作之需。及至夏商之后，其护体功能渐趋消亡，取而代之的是社会身份和地位的象征。

春秋战国时期服饰

公元前 770 年，周平王被迫东迁洛邑（今河南洛阳），是为东周，分为春秋和战国两个时期。这时期，铁器的使用、牛耕方法的改进，使农业和手工业迅速发展，且人口的增长使万人城邑的数量大增。加上纺车取代纺轮、脚踏斜织机代替古老的踞织机，以及战国时期纺、织、染、缝等官营大工坊的盛行，促使纺织业迅速发展，在质地、式样配饰等方面，都出现了足以令后世惊叹的佳作。

服饰发展精巧

春秋战国时期，纺织业显著发展，织物细密程度极高。此外，服装样式多，重视装饰性。

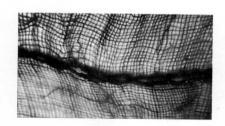

江西靖安东周大墓出土的方孔纱。长188厘米、宽150厘米，为300多件纺织品残件中年代最早、面积最大的整幅拼缝织物，距今约2 500年。其中密度最大的织物每厘米经线竟高达240根之多。

出土于河南洛阳金村战国古墓的成组列舞女佩玉。玉舞人身着绕襟衣裳，腰束宽带，领、袖、衣摆等处均饰以缘边，衣襟下摆还另接一段装饰边，意在勾勒衣装的轮廓，使之款型饱满、层次丰富，讲究服装造型和制作的艺术美。

　　商周对玉器的重视，使玉的价值和地位逐日提高，成为礼制和祭祀的"瑞宝"，诸如祭天地、礼神祇、邦国修好、会盟缔约等，都离不开玉器。玉器也是上层社会诸公卿大夫不可或缺的贵重饰品。春秋战国时期，玉雕工艺高度发展，玉器由礼制逐步过渡到赏玩阶段，佩戴玉饰十分普遍，君子无故玉不离身。琢玉技术进步，当时已能雕琢高硬度的玉，并有水晶玛瑙问世。

河南辉县固围村出土的大型玉璜和镶珠嵌玉带钩。其工艺精巧，雕刻的花纹精致，纹饰种类多，刻纹细若游丝。其中玉璜制作极难，它是在一块环状玉上碾刻连续回旋的细纹，俗名"蚩尤环"。玉璜刻纹分段组合，两端刻有活动的兽头装饰，中部刻透雕卧驴，形象逼真生动、玲珑秀挺。

楚国服饰多彩

　　与其他列国相比，楚国服饰资料的发掘和整理具有一定的先行性。楚之初，地僻民贫，势弱位卑；名虽为国，实则只是一个部落联盟。经长达300多年的开拓，楚国经济得到发展，服装亦丰富多彩。文献记载以及众多的铜器刻画、漆器彩绘、帛画形象、木俑实物等，为人们展现了一幅多姿多彩的楚人服装画卷。

长沙陈家大山楚墓出土的帛画。画中女性袍身瘦小，袍长曳地，上绣卷云纹，腰束宽带；衣领、襟边有宽而厚实的缘饰；袖口施袂，小口大袖，手弯垂胡；反映了楚人独特的审美情趣。这种形制对汉袍的影响极为明显，也是研究我国美术史不可或缺的形象资料。

楚人喜欢的彩衣，在一些楚墓出土的木俑上可以见到。此类木俑大多身着有彩绘纹饰的服装，故称彩衣。

　　楚服纹样精美华丽。在诸如帛画妇女形象、彩绘木俑、舞蹈纹饰等文物上，皆有明显的体现。从纹样风格来看，有几何纹、植物纹、动物纹和人物纹四类纹样。出土的织物以几何纹居多，丝织品以菱形纹居多，体现了楚人对折线运用的高超水平。

舞人动物纹锦。此织锦为三色锦，以连续的波折状三角形为骨架，点缀着对称的龙、凤、麒麟、舞人等图案。在战国时期的织锦上出现人物纹样，此为首次发现。舞人高举双袖，作舞蹈姿态，腰间有束带随舞姿飘动。纹样间还点缀着双菱纹、S纹等，这些都是战国时期所流行的图案。这是一件华丽且具有特色的染织珍品。

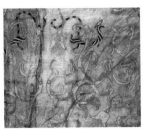

湖北江陵马山一号楚墓出土的贵妇直裾，图案为凤斗龙虎。面料以皂色罗为地，用朱红、金黄、银灰及黑色丝线绣出凤、龙、虎的形象，色彩鲜艳。绣品的整体布局相当缜密严谨，每一单位图案有4个正反倒顺相合的纹样，作菱形配置，构图精巧细密，环环相扣，形成了龙飞凤舞、猛虎腾跃的生动景象，确有华丽神奇之感，实在是一件难得的艺术精品。

引胡服组建骑兵

"七雄"之一的赵国，地处今山西北部和中部及河北西部和南部的广大区域。赵国与邻近的东胡（今内蒙古南部、热河北部、辽宁一带）、楼烦（今山西西北）作战时，其传统战车（兵士深衣）难以在崎岖的山路中发挥优势。每起战端，赵往往因"兵车所不至"，连遭失利，丢城失地，因而组建新兵种——骑兵部队，引胡服以图奋起。"骑射所以便山谷也，胡服所以便骑射也。"（顾炎武《日知录·卷二十九》）。顶着"衣冠王制、圣人所传"的压力，坚持"法度制令各顺其宜，衣服器械各便其用"（《史记·赵世家》）的主张，于公元前307年，武灵王赵雍发布"将军""大夫""戍吏"穿着胡服的命令，并将胡服赐予骑者，史称"赵武灵王变服"。

战国晚期彩绘骑马俑。咸阳市文物考古研究所藏。这是迄今发现最早的骑马俑，出土于秦都咸阳附近的秦墓中，较秦始皇陵兵马俑约早百年。马背上没有鞍鞯，骑士头戴风帽，下穿短裤，脚蹬长靴，作胡人装扮。骑士和马匹整体通过捏制而成，指印尚在，眼鼻则以刀刻画出轮廓，俑身还保留有彩绘。

| 秦汉魏晋南北朝服饰 |

　　公元前 221 年，由秦嬴政一统中国，自号始皇帝。其统治虽短，仅 15 年，对中国的历史却具有重要意义：改变了诸侯割据"田畴异亩，车涂异轨，律令异法，衣冠异制，言语异声，文字异形"（许慎《说文解字序》）的诸侯割据，形成大一统的新景象。公元前 206 年，刘邦建立了西汉政权，公元 25 年至公元 220 年为东汉时期。在这漫长的四百年中，生产力也在最大范围内得到了解放，汉朝服饰正是在此环境下大放华彩。东汉后期，群雄纷争。自三国归晋（司马氏），始为一统。西、东晋后，纷乱又起，中国社会进入南北朝时期，服装追求"以同为快"（《抱朴子·讥惑篇》）。

秦代军服

1974 年 3 月，数以千计的秦始皇兵马俑横空出世，让世界为之震惊，被誉为"世界第八大奇迹"。这支由多兵种组成的如真人般庞大的地下军团，大气磅礴、栩栩如生、虽静犹动、形态各异，给人以强烈的视觉冲击，是秦横扫六合的一个缩影，也是研究秦代政治、军事、文化和艺术等方面最形象、最直接、最全面的珍贵宝库，更是研究秦朝军服唯一的形象依据。

高级军吏俑（俗称将军）。以整块皮革制成的彩色鱼鳞甲衣，由前身、后背及双肩三部分组成。前甲长至腹部，腹下两侧渐呈内收对称之势，状若剑锋：既有护腹之功，又兼军阵对决之便利。背甲及腰，下缘平齐，同样利于应对阵前变化。三部位还有彩带绾成的花结之饰，花纹高雅。

秦俑之甲衣

甲衣

甲衣是一种外穿的护身装备。军吏俑、御手俑、步兵俑、骑兵俑的甲衣均有区别，军吏俑中高、中、下三级军吏的甲衣也有所不同。

中级军吏俑的铠甲。护甲仅在胸部，由甲上左右端设带，延伸过双肩交叉，于腰际系结，使胸甲固定。

下级军吏俑的甲衣。甲衣的甲片并非由整块皮革嵌缀而成，而是将方形、长方形或形状不规则的甲片直接联缀而成。甲片为褐黑色，联甲为朱红色带。边缘不宽，也没有彩色饰边图案，甲片大且数量少。

襦衣

襦衣有长短之分。衣下摆与膝齐为长襦，位于膝以上者为短襦。其样式基本相似，都是交领右衽。上述高级军吏俑为双重长襦，中下级军吏俑和一般武士俑皆为单襦。

秦俑襦衣的衣领样式颇具特色，仅据上述所引，就可看到几

襦衣轻装步兵俑，形象表现清晰。衣长及膝，腰束革带，下穿短裤、扎裹腿，足履，履带紧系足腕，头绾形似圆丘发髻。

款特殊的衣领样式：有些襦衣的交领一边向外翻卷且形状各异，如长三角形、小三角形、窄长条形，有些襦衣在内外衣领之间饰有围领（似今之围巾），其形状呈三角形、楔形等。至于秦俑的裤装，多见于武士俑，有长、短两式。裤装还可见于车兵俑，裤管较短，仅能盖住膝部。长款见于高中级军吏俑，短款则为步兵俑。

秦俑须发

秦俑乃雄壮之师，之所以令人感觉虎虎生威、不怒自威，除了工艺雕塑之美，更有塑像本身之美，即外在首服——须发之美。将吏冠戴，兵俑梳髻。一丝一发，皆梳理整齐，从而衬托出秦俑由内而外的神勇之气。

发型

大致有圆髻和扁髻两种。轻装步兵俑（即袍俑）和部分铠甲步兵俑的发式为圆髻，此发式在脑后及两鬓各梳一根三股辫，再互相交叉结于脑后，上扎发绳或发带，交界处戴白色方形发卡，最后在头顶部右侧绾髻，为秦尊贵之发式。扁髻多见于军吏俑、御手俑、骑兵俑和部分铠甲武俑，此发式为六股宽辫在脑后绾结成扁形的髻式。

圆髻可梳辫成多种形状，扁髻则不编成股，发拢脑后向上翻折与头顶平齐，以笄横贯其内加以固定。扁髻似为戴冠而设，圆髻立于头侧，戴冠不便。秦军作战勇猛，往往"跣跑科头"（《战国策·韩策》）。"科头"即不戴头盔，这在秦军中较普遍。

胡须

秦人对头发的梳理一丝不苟，而对胡须的修饰则同样讲究。男子胡须是成年的标志，更是美男子的象征，被称为"美髯公"。

除极个别外，秦俑普遍都饰有络腮胡须或八字胡须，有的更是两者兼备。

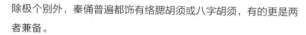

汉朝服饰

汉初，服饰简朴，随着"与民休息"政策的实施和"文景之治"的出现，社会经济得到更大的发展，加之外通邦好、内尊儒学、丝业精进等因素的促进，汉服终攀上华美的巅峰。

衣冠服制

汉初，臣庶服装几无禁例。祭祀大典以秦时的"黑衣大冠"为通用冠服。高祖八年始有所规定：爵非公乘以上，毋得服刘氏冠（汉爵分二十，公乘为第八）。东汉永平二年（公元59年），孝明帝诏有司考诸典籍，制定了朝祭典章之服，并对冠冕、佩绶等也确定了等级。自此，汉朝开始拥有完整的衣冠服饰制度。

《三才图会》中身着冕服的汉昭帝像，其冕板、冕旒和衮服上的章纹，可作为参考。此为帝王祭祀之礼服，汉朝之后各朝代大体遵循不变（左上图）。

刘氏冠，高祖任亭长时所佩戴，高7寸、宽3寸，黑质楚式，形如板，用笋壳制成。佩戴者多为刘氏宗室或朝廷显贵，"以为祭服，尊敬之至也"，也称斋冠（《后汉书志第三十·舆服下》）（左下图）。

汉袍

汉朝男子穿着的袍是加了衬里（或加絮）的长衣。朝臣见驾议事穿袍，称之为"朝服"。袍交领，两襟相交垂直向下；袖身宽大成圆弧形，被称为"袂"，成语"张袂成阴"源于此，袖口明显收敛，且衣身宽博，以袒领为主，裁成鸡心式，穿着时能露出里衣，使外袍与里衣相互映衬，显出衣着的层次感。汉袍之宽博、肥大的造型，与汉崇尚宏大伟丽之美学思想有关，也反映了汉朝人追求心胸旷达、宏伟阔大的气魄。

袍有曲裾和直裾两式。直裾的流行，与裈的问世有关。

曲裾。此为衣襟从领至腋下，并向后旋绕而成的一种战国深衣的遗制。其制作时使袍裾狭若燕尾，垂于侧后。据湖北、四川等地汉墓出土文物来看，其人物形象的衣着都是绕襟曲裾袍（左上图）。

直裾。此为衣襟从领曲斜至腋下，并垂直向下的一种样式。西汉时不作正服使用，若穿此入宫，会被斥为"不敬"，而遭免官处罚（《史记·武安侯传》）。东汉男子多喜服此式，以官吏为甚（中上图）。

裈。这是一种有腰有裆的短裤，形似牛鼻，故称"犊鼻裈"。汉之前深衣内的裤（袴）皆无裆，所谓的裤只是套在小腿的"胫衣"，出于礼仪和穿着得体的需要，外面须以他衣遮掩，否则有碍观瞻。因此，穿着繁杂的曲裾被逐步淘汰。中国古代服装造型的美学价值，因"裈"的问世，又朝典雅实用的方向迈出一大步（右上图）。

汉冠

汉冠种类很多，文武皆有。以冠的性质、作用、形状、人名等命名，同样具有区分官职和等级的外在标志作用。

獬豸冠。獬豸，一种神兽，形似羊，能辨曲直，独角性忠，见人争斗，用角顶恶人，听人争吵，能咬理短仍狡辩之人。因而其独角被选作执法者之冠饰，以示公正。直至如今，法院门前还有此之造像。

女子服饰

汉朝女装大致有两类,一是承古仪深衣,二是襦裙。形式看似不多,可多呈华丽之态。女装也见诸记载,与前代相比,确实是前进了一大步。

女装

女性礼服,承古仪,为曲裾深衣,这是汉朝妇女穿着的常见服饰。与战国相比,汉朝深衣变化明显:衣襟转绕的层数明显增多,下摆向外扩展成喇叭状,且审美特征较强,长可曳地,穿着时行不露足,既符合儒家礼制规范,又满足了贵妇人对典雅富丽、雍容华贵的追求,更能突显女性的形体美。

多层交领,时称"三重衣",类似于现在的V字领,再配衬高平领,愈加引人注目。这是汉朝妇女穿着的装饰水平和衣着层次的变化美,也是汉妇服装日趋华丽的体现。其他如袿衣、狐尾衣,亦在女装中具有较大影响力,狐尾衣有"梁氏新装"之称,即时装,为我国历史上与时装相关信息的最早记载。

乐舞形象

汉朝音乐舞蹈和杂技艺术日益兴盛,女装也更为华美。在文献和出土文物中多有反映,如《盘鼓舞》中的舞伎,发髻高耸,满插珠翠花饰,长袖细腰,衣长曳地。

特色在衣袖,窄而细长,时称"延袖""假袖",简直有如长了翅膀的羽人,飘飘欲飞,迎合时人崇尚神仙飘游翱翔的信念。《娇女诗》中就有"从容好赵舞,延袖象飞翮""衣被皆重地"(《玉台新咏》)的描绘,后世戏装之水袖疑受此影响。

丝绸织物

汉时丝绸织物产量大，品种多，先进技术和人文相融，出现了名目繁多、令人眼花缭乱的织品。

20世纪70年代，长沙马王堆1号汉墓出土的丝织物，几乎印证了目前所知汉代丝织品的全部品种。因此，参与发掘的专家称之为"地下丝绸博物馆"。

素纱衣。薄如蝉翼、轻若烟雾，重仅49克。

"五星出东方利中国"锦、"登高明望四海"锦、"长乐明光"锦、"韩仁绣"锦，这些都是织锦中的上品。这些织锦纹样精美，或珍禽瑞兽，或云气舒卷，或线条灵动，更有文字嵌入其中，点明主旨。其中，"五星出东方利中国"锦出土于新疆民丰县尼雅遗址，绑于干尸右臂。长18.5厘米，宽12.5厘米，呈圆角长方形，织有凤凰、鸾鸟、麒麟、白虎、星纹，穿插分布于祥云间，瑰丽流畅。其间更以"五星出东方利中国"之醒目小篆文字，重复散置于上下两边，文字激扬。字体稍有大小，错落有致，主题明确，意蕴神奇。五星，指金、木、水、火、土五大行星。"五星聚会"或"五星连珠"是指五星同时出现于东方天穹这一天文现象。面对这罕见的蜿蜒飞扬、流动舒卷的织锦珍品，令人产生无限遐想。这方国家一级文物，现藏于新疆博物馆，被誉为20世纪中国考古学最伟大的发现之一，更是我国首批限制出境的文物。

魏晋南北朝服饰

魏晋南北朝是中国社会动荡、战争连绵、朝代更迭频繁、民族迁徙融合的时期。这一时期社会意识形态多元，或主张清淡超然，或脱俗放浪，或崇尚玄学，致使儒学势颓，直接影响了服饰观念和服饰风尚。

魏晋服饰

三国魏晋时期，社会经济得到逐步恢复，纺织业亦有了较大的发展。其中蜀锦名冠一时，魏有"披罗衣之璀璨""奇服旷世"（曹植《洛神赋》）之诗句，吴有"鸡鸣布""八蚕之锦"等佳品，甚至连防火功能的"火烷布"也在吴地问世，这足以证明当时纺织科技的进步。两晋时，贵戚炫富往往也以纺织品为对象。

贵族服饰

魏晋服制，基本承袭秦汉，服饰的颜色崇尚黄色。

贵族男服以袍、衫为主，女服保持深衣制。东晋画家顾恺之的《女史箴图》《列女图》《洛神赋图》等作品中的人物衣饰清晰可辨。贵族男子、文吏等，一般都穿大袖衫，右衽，交领，衣长至地，微露翘头履（鞋），袖根收窄，袖口肥宽，下垂过膝，袖口和领都缘以色边。

贵妇服装都肥衣大袖，衣长曳地，交领或圆领，腰束带，颇具线条美，恰如曹植在《洛神赋》中所言："秾纤得衷，修短合度。肩若削成，腰如约素。"发式流行梳双髻和高髻，髻后垂有一鬟，即髻后垂下一绺头发，称"垂鬟"或"分鬟"，汉之遗式。

杂裾垂鬟服。此衣下摆裁成层层相叠的倒三角形，上宽下窄。加之围裳中饰有长长的飘带，行走起来，牵动下摆如燕子飞舞，故有"华袿飞髾"（《舞赋》）、"扬轻袿之猗靡兮"（《洛神赋》）的赞语。南北朝时，曳地的飘带被舍去，"燕尾"大为加长，使之更具有飘逸感。

平民服装

《嘉峪关魏晋墓室壁画》是集中表现魏晋时期下层民众的服饰资料，以瘦、窄、短为特点。该书收图55幅，所绘95个人物除少数几个贵族外，其余大多为下层民众，有农夫、牧民、猎人、牵驼者、屠夫、炊事和驾车等杂役者，不论男女老少，都是窄袖短衫，袖长至腕、衣长多在膝盖上下。

书中所绘人物形象中有二十多人着裤，可想而知当时下层民众穿裤已较普遍。武威雷台晋墓壁画，也有类似着装现象。

从事烙饼、蒸馍、采桑、驿使等人员，衣装形象适合劳作或行进。

魏晋风采

　　"竹林七贤"是指阮籍、嵇康、向秀、刘伶、王戎、阮咸、山涛这七位文人名士的合称，该名缘于他们经常于竹林中聚会，针砭时弊。

　　"竹林七贤"所穿多为自然下垂之宽衫，直领开口大而深，有飘逸感，有助于展示自我：或袒胸露腹，或展露肩臂，或梳发童样等，潇洒、脱俗，不拘形迹，不拘俗礼，"以形写神"（顾恺之语）。这种凝聚自我个性、颇具"怪异"的风姿神采，即"玄虚淡泊，与道逍遥"的"玄学"，后世称之为"魏晋风度"，这是魏晋玄学在穿着上的反映。该学派认为"无"是世间一切事物的根本。"夫物之所以生，功之所以成，必生乎无形，由乎无名。无形无名者，事物之宗也"（《老子指略》）。在对社会人生的感叹中，"七贤"以老庄为师，使酒任性，衣着异于世俗，以示"高逸"。他们"非汤武而薄周孔"（嵇康语）、"越名教而任自然"（阮籍语），于服装就是崇尚自然、任情而为、不受拘束。

南北朝服饰

　　南朝开国皇帝宋武帝系武将出身，不太重视礼法，冠服制度大体沿袭前朝，很少创新。天子祭祀时，服通天冠，其余服饰皆如魏晋之制。北魏实行均田制，授予民众露田和桑田，奖励种植桑麻，以促进纺织业发展，社会发展较快。尤其是孝文帝变服，是北方少数民族与南方汉族服饰文化的融合。

南朝服饰

　　整个南朝时期，社会力戒奢侈之风。从宋到陈，先后颁布多项有关服饰的禁令，以宋为最。男服主要是衫，袖口宽敞，衣身相应宽博，可参见前述

"竹林七贤"。王公名士、黎庶百姓多以宽衫大袖、褒衣博带为衣着时尚。女装有衫、襦，此为秦汉遗俗。

服裤褶武士形象。此式本是北方少数民族服装。上身着齐膝大袖衣，下身着肥管裤，为南北朝时期的基本样式。裤口有大、小之分，以大为时髦。因不便行动，常用锦带将膝下裤管缚住，又称撒口裤。此为北朝通例，而南朝某些地区也有颇多人穿着。研究表明，唐宋时期此式仍未被废，不乏爱好者（左上图）。

河南邓州出土的南朝贵妇出游画像砖。人物装束为齐梁间流行样式，身上穿着的"裲裆衫"从"两当铠"演化而来，腰间饰帛带。贵妇头梳双环髻，脚穿前部高耸的"笏头履"，由晋代高齿屐演变而来（右上图）。

北朝服饰

北朝统一的时间比较长，北魏长达近 150 年。孝文帝改制，迁都洛阳，实行多项汉化举措，极大地促进了丝织技术的进步，绢帛的数量和质量都超过了魏晋。

吐鲁番出土北魏对羊对鸟树纹锦。受汉文化影响，织物图案被赋予寄托希冀、祈愿等吉祥美好的含义。据说，孝明帝时河南荥阳有个郑云，用四百匹紫色花纹的丝绸交换了安州刺史的官职。这表明，北魏丝织业尽管产量大，可丝绸还是紧俏物品。

袴褶，即裤褶。左图为北朝裤褶。面料有布缂、兽皮、锦缎，上朱下白。皮革腰带（或蹀躞带）上有金银镂饰等。

裲裆，亦作"两当"，即马甲、坎肩或背心。男女通用，以布帛为质，前后两片，一当胸，一当背，肩部用皮褡襻相连，腰间皮饰。延伸至军中成戎装，称裲裆铠（左图）。

河北磁县湾漳出土文吏俑。头戴汉之平巾帻，朱红色交领宽袖衣，外罩裲裆衫，似今之坎肩；下穿白色大口裤，脚穿黑色笏头履。这身衣装显示了民族间文化融合的新形态，即北方少数民族特色的裤褶服装（紧袖窄裤），吸收了汉民族宽袖长袍文化的结果，也是孝文帝改制对后世影响的形象印证（右图）。

| 隋唐服饰 |

　　隋唐，我国古代服装发展的重要时期。隋统治时间虽短，却具有承上启下的意义。唐初车服制度皆沿袭隋制，大唐风采也留有隋的遗韵。高祖武德四年（621年），冠服制度才被正式确定。这一时期的面料、款式、色彩、纹样、饰物等均多彩绮丽，达到了全新的高度，前朝无法比拟。

隋朝服饰

公元 581 年，隋国公杨坚称帝，改国号为"隋"，统治至 618 年，虽只有短暂的 37 年，对中国社会的发展却颇有建树。结束了东汉以来近四百年的战乱和南北割据分裂的局面；出台巩固中央集权的措施；设立州、县学选拔人才。统计户口、统一货币，开凿大运河，经略西域，促进商业发展，使隋王朝的经济得到很大的发展。中外仓库，无不盈积。当时五大官仓储存的米粟多者达千万石，少的也有数百万石。长安（今西安）、洛阳和太原储存的布帛，也各有几千万匹，可供隋统治者支用五六十年。

隋朝服饰

隋朝建立之始，文帝崇尚简朴，衣着较为简单，只是比大臣在衣带上多加了 13 个金环。其他男子不穿绮缕，不饰金玉，只以铜、铁等作装饰。

炀帝时，根据西周冕服制定出了隋朝冠服礼制，恢复了汉魏以来帝王章服所缺的日、月、星辰三章纹，置日、月于两肩，星辰列于背后，这就是天子之服"肩挑日月，背负星辰"的由来。

宫装时行

大业年间，宫人时行穿着裸露半臂的衣装，这是女子服饰较前朝的创新所在。

上层妇女受齐梁风气的影响，多穿大袖衫，外加小袖式披风，一时形成风气。这种披风，一般为翻领，内外颜色不同，无饰物，画迹中多有反映。

唐朝男子服饰

唐朝建立后，社会稳定、经济繁荣、文化昌明、纺织印染技术空前发展，加之对外交往频繁等因素，唐代服饰进入空前的繁盛期。

厘定服装制度

由隋入唐，历高祖、太宗、高宗三朝，厘定服制礼仪。从皇帝、皇后、太子、太子妃及群臣、命妇等各官定服装，逐一定妥。分祭服、朝服（具服）、公服（省服）、常服（宴服）四种，并对质料、纹饰、色彩等方面都逐一作出规定。

唐代以颜色、图案、佩饰等作为分辨百官品级的视觉标识，并把黄色上升为天子之色。

袍衫、品色服

袍，初承隋制，后据深衣制式，于局部加襕、袖褾等饰物，成为士人上服。加襕之后，称横襕，即施于袍的腰下、膝盖部位，有襕袍（举子服）、襕衫等样式。

阎立本《步辇图》绘有当时男官服的具体形象。图中除吐蕃丞相禄东赞外，所有汉人，包括唐太宗李世民，袍服下均饰一道横襕。

唐朝女子服饰

　　唐朝社会开放，对外来文化兼收并蓄，致使女装大变：样式新奇、色彩丰富，面料时尚、轻盈薄透，妆饰独特、形象华美，至今依然大放光彩。

女装形式

　　唐朝女子服饰丰富多彩，美不胜收，主要可分为以下几类。

衣衫类

　　包括小袖襦衣、宽袖衫、半臂等。沿丝绸之路进入长安中亚以西的商人、乐师、僧侣、学者、使节等，在开展各自事务的同时，亦把各自的服饰文化带到唐都，引起时人，特别是女性的热情效仿，并深入唐王朝高层。

　　小袖襦衣。流行于盛唐之前，也被称为胡舞服。这种舞服款式为翻领、对襟、窄袖、锦边，可衬托女性体态的丰腴美。唐玄宗李隆基与杨贵妃及朝臣时常宴舞，为此服的流行起了示范、推动作用，迅速掀起了一股"胡服热"。

　　宽袖衫。盛唐之后，女装变化的典型之处就是衣衫加宽、袖子放大。陕西乾县懿德太子墓石刻中女子的衣袖宽大，几可垂足，就是宽袖衫的形象反映。至中晚唐，朝廷加以禁止，规定衣袖不得超过一尺五寸，但"诏下，人多怨者"（《新唐书》）。可见当时人们喜好宽袖已蔚然成风，形成审美定式，难以逆转。至唐后期则愈演愈烈，衣袖之长竟达四尺。在周昉的《簪花仕女图》中，唐代喜好宽袖的风气得到了充分体现。

半臂。一种衣长与腰齐的短袖款式（或称半袖），也是唐代妇女极为喜欢的装束。其制起自汉魏，因其长度为长袖衣的一半，所以称之为"半袖"，也叫"半臂"，当时穿着者并不多。隋唐开始，穿着者逐渐增多，在内宫及女史中更为常见。陕西乾县永泰公主墓的壁画中有不少穿着此款式的艺术形象。若此式装束与襦裙配套穿着，称"半袖襦裙"，尽展女性手臂的肌肤之美。

袒胸式

　　唐朝极具突破性的衣式当数袒胸式女装。衣领阔而低，领口开敞，几乎裸露半胸。古诗"粉胸半掩疑晴雪"（方干《赠美人》）、"胸前如雪脸如莲"（欧阳询《南乡子》）、"长留白雪占胸前"（施肩吾《观美人》）、"慢束罗裙半露胸"（周濆《逢邻女》）的题咏，就是对这种装束的形象描绘。对于封建社会来说，这是难以接受、绝无仅有的，但却从侧面反映了当时人们解放思想、解放自我意识，以及大胆、率真、勇敢蔑视传统礼法的精神。

唐朝袒胸式女装。

裙装

　　制作工艺的提高和社会风尚的变化，带动了裙装的样式不断更新。裙的质料、色彩和样式均超越前代。其最大的特点就是裙束较高，上为短小襦衣，两者宽窄长短形成鲜明的对比。

这种上衣下裙、上短下长的"唐装"，是对前朝服装的继承和发展，是中国古代女装的创新之作，使体态显得苗条、悦目、修长。这种短小的款式不断被当今设计师发掘，推陈出新，复活于市场，成为女装审美的新焦点。

女着男装。唐朝女性穿男装很普遍，开元、天宝年间最为盛行。"至天宝年中，士人之妻，著丈夫靴衫鞭帽，内外一体也"（五代马缟《中华古今注》）。画迹和地下发掘多有这方面的实例，且汉、胡衣饰杂混一体。韦洞墓石刻侍女形象、张萱《虢国夫人游春图》等，对此现象都有反映。

披帛

披搭于妇女两肩间的轻薄罗纱帛巾，长两米左右，因上面印有图纹，故又称画帛，是唐朝很时兴的一种饰品。

唐代轻质披帛。

发型发髻

唐朝首服，主要指发型发髻和面部妆饰，及各类相配的巾帽。

发髻盛行

唐朝是发髻发展的鼎盛时期。相关典籍（不包括唐人诗文作品）提到的发髻名称很多，主要有倭堕髻、高髻、低髻、凤髻、螺髻、抛家髻等（参见上述各图）。倭堕髻源自汉代堕马髻。高髻、低髻可以弥补身材不足，《捣练图》中的女性就是高髻形象。高髻的流行致使假发出现，时称"义髻"。如假髻再涂黑漆，则叫"漆髻"。盛唐妇女还喜用梳子装饰发髻，以木梳为主，也有用金、银、犀、玉等材料制成的梳子。梳背呈半月形，插在发上，真是"斜插犀梳云半吐"（司马楀《黄金缕》）、"满头行小梳"（元稹《恨妆成》）。直至中晚唐、北宋，梳形更大，竟然长及一尺。

画眉、巾帽

唐朝妇女喜画眉，经历了阔、浓、长、窄、细、淡等变化（可对照欣赏上述各图）。中唐以后则盛行细长眉："青黛点眉眉细长，天宝末年时世妆"（《上阳白发人》）。白居易的《时世妆》从面饰的脂粉、画眉、画钿、斜红、点唇、发髻等方面，作了更细致的描写。

花钿。额间妆饰，形状简单的如小圆点，复杂的以金箔片、螺钿壳、云母片等材料剪成花朵形状，还有各式画出的图案花

钿，贴于额间。其中，以"寿阳妆""梅花妆"最为常见。

与披帛相配的巾帽，有幂篱、胡帽、帷帽等。右图为新疆吐鲁番阿斯塔那出土彩绘陶俑。女子身穿襦裙，头戴帷帽，其帽两侧有网状面纱覆颈，又称"席帽"，用于遮挡风尘。

法门寺地宫唐丝绸精品

1987 年 4 月，古都西安法门寺地宫出土的千余件丝织物，有锦、绫、罗、绢、缣、纱、绮、绣等品种，令人目不暇接。从制作工艺来看，有印花、贴金、捻金、描金、织金等手法，充分体现了唐代丝绸的新工艺。尤其是绫纹织金锦，以捻金线夹织，工艺难度极高。

（法门寺丝织品）

（捻金线 袈裟）

（捻金线 案裙）

（捻金线 拜垫）

捻金线，又称圆金线，加工非常复杂。其平均直径为0.1毫米，最细仅0.06毫米，比头发丝还细，堪称古今一绝。法门寺地宫出土的5件蹙金绣织品，分别是绛红罗地蹙金绣半臂、蹙金绣袈裟、蹙金绣拜垫、蹙金绣案裙、蹙金绣襕，图案是与佛教相关的莲花纹、忍冬纹、流云纹、山岳纹等。这些绣品针法精细纤巧，色彩绚丽炫目，风格华美凝重，虽尘封地宫千载，现在依旧流光溢彩，是唐代规格最高、保存最好的宫廷丝绸。可以说，法门寺地宫的丝织物囊括了唐代丝绸的精华。

| 宋辽金元服饰 |

　　安史之乱是唐由盛至衰的标志。至唐末，战乱不已，军阀割据，进入五代十国。公元 960 年，陈桥驿兵变，后周殿前都点检赵匡胤"黄袍加身"，建都汴梁（今河南开封），国号宋。"黄袍"成为帝王之尊地位的物质象征正式确立。辽、金是五代十国之后与宋并存的东北、西北等地区的少数民族政权，他们的服饰同为中华服饰的组成部分。元代服饰特色是加金技术，即为华夏服装文化增添异彩的"纳石失"这一著名丝织品编织时所运用的技法。

宋朝服饰

尽管边患不断，思想亦受程朱理学的束缚，宋朝还主张衣着"务从简朴"（《续资治通鉴·宋纪·宋纪一百五十六》）、"服用不可奢僭"（《元史·列传卷六十五》），但禁令实难贯彻到底。纺织业的发展为宋代服饰的华美多彩奠定了基础。

服装业兴盛

北宋和南宋棉花种植和桑蚕业遍及各地，织机遍及城乡，出现许多名品。定州织刻丝，作花鸟禽兽状；单州出的一种薄缣，望之若雾；亳州所出轻纱更是有名，"举之若无，裁以为衣，真若烟霞"（陆游《老学庵笔记》）。宋代织锦名品达百多种，且多以产地命名，如苏州宋锦、南京云锦、四川蜀锦等。

城市规模的扩大促进商业繁荣发展，服装业开始成行成市。

刺绣中的名品——缂丝，花色繁多艳丽，鸟兽花纹精美（左图）。

济南刘家铺白兔商标铜牌。上书"认门前白兔儿为记"（右图）。这是目前所记载服装业最早的广告，在一定程度上体现了宋代服饰行业的发达。

男子服饰

宋朝建立国后，进行过三次规模较大的服制修订，逐渐形成一套完整的冠冕服制，且设定了制作程序，官服须事先画出样稿，交由司礼局监制。

官服，有朝服和公服两种。公服为圆领，下施横襕、腰束革带，分宽袖广身和窄袖紧身两式，以质料、颜色、图案、饰物等辨别官职高低。朝服朱衣朱裳，按品级穿戴。

帝王朝服。朝服衣领上饰"方心曲领"：一个上圆下方、形似璎珞锁片的饰物，作压贴内衣之用（左上图）。

公服。又名从省服、常服。受唐影响，宋以服色区分品级。衣式盘领大袖，颈两侧饰护领，腰束金带，饰佩鱼，有时袍下加襕，头戴方顶展角幞头，其长度起初不过尺余，后逐渐加长。据说意在官员上朝议事时提高注意力，防止官员交头接耳。其实五代时南方及敦煌壁画中的幞头已出现加长趋势，宋只是加以延长而已（中上图）。

士子衫。据记载，这是宋徽宗赵佶的自画像：头戴束发冠，身穿襦裙，外罩对襟。《听琴图》局部（右上图）。

士子服饰以襕衫为主，其形式是在衫的下摆加接一横襕。所谓"品官绿袍""举子白襕"，举子是读书人，即"士"。

南宋金坛周瑀墓出土服装实物，有对襟衫、圆领衫、合裆裤、开裆裤、抹胸、蔽膝、裤袜、绮履、幞头等三十多件，以对襟衫为多（左上图）。

福州黄昇墓出土的相类似的衣衫。前者素纱圆领单衫，衣襟左右对称，领边有纽扣。这是迄今最早有纽扣的服装形象（右上图）。

宋朝服制对庶民百姓也有规范：只能穿布衫、短裤、麻（草）鞋，绝不能"满头珠翠，遍体绫罗"。观张择端的《清明上河图》，可见其详。

图中仕、农、商、卜、僧、道、胥吏、篙师、缆夫、车夫、船工等人物，穿戴不一，各人各样。仅首服就有不同的装饰法：科头的、梳髻的、戴幞的、裹巾的、顶席帽的等。服装长短也代表不同身份：穿戴整齐、袍长掩足为有地位者；衣襟敞开、下摆开衩、挽袖、系腰带、裹绑腿等，多为地位低下的劳动者。

命妇服饰

宋后妃命妇，多依西周礼仪，如袆衣、褕翟、鞠衣、朱衣等，辅以凤冠、霞帔等组合。褙子，命妇礼服的重要服饰，为宋新推出的款式。其他妇女服装为襦袄、裙等。

戴龙凤珠翠冠、着袆衣（五彩翟文）的皇后礼服（左图）。在重要场合，如受皇帝册封或祭祀典礼时，才可穿着。领、袖、襟、裾等处镶有云龙图案红色面料的缘饰。脚穿青色袜和鞋子（舄）。

褙子，又称背子。融前代中单和半臂发展而成，次一等礼服，或作常服穿着，形式为对襟，中间不施衿纽。领型有直、盘、曲等诸式。袖有宽、窄二式，居家用窄，腋下11至13厘米处开衩（古称"契"）。权贵士庶都可以服用。官员只可衬里，不能作正服。士大夫会客穿着，要带帽，须讲究得体（图黄振华临摹）（右图）。

襦与袄的结合，称襦袄，是近似于襦的短衣。襦有两式，单者近衫，复者似袄。袄为夹衣。有的袄也称"旋袄"，内里填有棉絮，对襟，侧缝下摆开衩。襦袄均为上衣，服式较短，色调清淡，以质朴、清秀为雅。贵妇襦袄尚红、紫色，以锦、罗或加刺绣制成。

贵妇还尚衫裙。衫为轻薄的罗、纱、绫、缣等面料制成，色泽浅淡，适合夏季穿着。裙的颜色较鲜艳，宋代流行"八幅大裙""百褶裙"，宋女以短襦、多褶长裙为美。

宋朝女冠式名目繁多，有白角冠、珠冠、团冠、高冠等。

百褶裙，其形如扇，上窄下宽；以透明的细罗为质，上缀密褶，饰以金色团花。半臂、背心也是宋代女子所常穿的。福州黄升墓出土服装实物图。

女子冠式分别为花冠和冠梳，当时甚为著名。前者需借助假发梳成，即运用"假髻"辅助。后者以漆纱、金银、珠玉等做成，两鬓垂肩，以白角木梳插在左右，进轿时只能侧身而入。

辽金服饰

　　辽为耶律阿保机建立的契丹族政权，地处我国东北，有 200 余年历史，后为金所灭。阿保机称帝时，服制尚未完备，唯用甲胄。阿保机推崇汉人，特别尊崇汉高祖刘邦，并将契丹姓"耶律"改作"刘"。后得燕云十六州，大量汉民的涌入及手工业技术的传播加速了契丹族的汉化。

辽朝服饰

　　朝廷管理设北面官与南面官分治，服装也分为两制，辽主与南面官为汉制（后晋之遗制），后妃与北面官则为契丹服。圣宗以后，又规定北面官三品以上，凡大礼皆用汉服；至兴宗，则全体官员均为汉服。

辽普通服装男女同制，垂膝长袍，圆领左衽、窄袖。腰间饰皮围，其外束带以减少对袍的磨损，利于佩挂弓、箭等物品。袍色较暗，常见为灰绿、灰蓝、赭黄、墨绿等。男女下裳为套裤，于腰际系结固定，裤脚塞于靴筒内。画中所绘女子形象（辽墓壁画），其领、袖、眉眼、口鼻等，颇具唐宋余韵。

辽宁昭乌达地区辽墓壁画，衣着与上图无甚差别。男子身穿束腰长袍；女子身穿宋式襦衣和长裙，腰饰花结下垂的绸带，增添了女性的柔弱之态。

金朝服饰

金属女真族，建于公元 1115 年。女真族居住在混同江（黑龙江）、长白山一带，即所谓"白山黑水"之间，服饰以皮质为主，后承辽制，得宋北庭始草创服制。

公元 1125 年金灭辽后，所录用的辽汉官，对太宗影响很大。实际上，金在灭辽之前，服装上已开始使用辽、宋之仪，太宗继位时穿的就是赭黄袍。后来，金兀术(宗弼)带领金军来到中国，破汴京，掳掠徽、钦二帝等470 多人。这一方面在金传播了中原文化，另一方面引进汉民族先进的生产力，客观上促进了金朝社会的发展和进步。

天眷三年（1140 年）进入燕京后，参酌汉、唐、宋等朝的服制，制定了金朝服制。如祭服，有通天冠、绛纱袍、腰束带、乌皮靴等，皆为汉式传统之制，所用章纹的分布及章数均很别致，使唐宋服制得以传承。需要指出的是，金朝还以服装上绣花的类型和花径的长度来区分官员的尊卑高下，并借鉴宋代束带、佩鱼等装饰，形成了一套完整的公服制度。这是中国古代服饰史上的独创，使官职识别系统更为丰富，也是明朝公服标志的滥觞。

普通服装样式多受唐宋影响。据山西汾阳金墓壁画所绘，男装样式为圆领、腰束革带。

元朝服饰

铁木真于公元 1206 年建立大蒙古国。1271 年忽必烈改国号为元。1279 年，元朝消灭南宋残余势力，完成了对全国的统一。元初没有确定服装制度，从世祖忽必烈起，感于服饰的威仪，及其具有区分上下尊卑的功用，乃诏定服仪。

元朝服制

历时近十年服制臻于完善："粲然其有章，秩然其有序"。上至帝后、下至百官均据仪穿着。

皇帝祭祀冕服，衮冕用漆纱制作，前后冕旒各十二，至于十二章纹，其图形的使用数量明显超过汉式。这是对汉民族古代帝王祭服的延续。

品官公服，用罗制作，款式盘领、大袖、右衽，头戴展角漆纱幞头，颜色紫、绯、绿。以花型大小、花径尺寸、颜色等区别等级，这是元服装制度的创新之处（右图）。

皇帝冬夏的礼服为质孙服。质孙服，蒙语音译，汉语意思为"一色衣""单色服"，是蒙古族早已存在的一种传统服装，元朝建立后，质孙服更趋华丽，且讲究配套穿着。其面料是一种掺合金丝织成的金锦（又称"纳石失"），色彩艳丽，多为青、红诸色，服式与古深衣相近。

质孙服是帝王、百官的重要礼服。天子质孙服有 26 种（冬服 11 种、夏服 15 种），穿着时讲究面料与色彩、装饰的协调统一，注重整体化。官员质孙服有 23 种（冬服 9 种、夏服 14 种），注重服色和服饰的合理搭配。帝王百官以外，一般的宿卫大臣，乃至乐工也可穿着。意大利旅行家马可·波罗在其游记中对质孙服亦有记载。

上衣下裳，衣袖紧窄，裳部较短，有众多的褶裥，腰有横襕；领多为右衽交领或方领、盘领等，肩、背、胸等处缀以大珠作为装饰（右图）。

服饰形式

元朝男女均以袍服为主，衣身较辽制时更为宽大。穿交领、长过膝袍、腰束带、戴笠帽、披云肩，是当时贵族的典型装束。此外，元朝对服装的颜色有严格规定。

唐宋制式，以袍为主，男女同款。种类有衬袍、士卒袍、燕居窄袖袍，士庶圆领袍等。

平民短衣、蓑衣、窄裤。

对襟衣，形式简练，极大地方便了人们的日常生活。它与传统的深衣不同，也与胡服相区别。在江苏无锡元墓出土的20多件服饰中对襟衣就有7件（实物图），分镶阔边、无边缘两类，造型长而宽大，也有短至襦衣式的，酷似今日所流行的短而小的上衣，只是袖管长而大而已。

元男女均为"婆焦"发式，是先在头顶用剃刀修成十字交叉状，再将后脑一部分头发全部剃去，余则依各自的意愿修剪成各种形状，自然覆于两侧及额间，如汉族儿童所谓"三搭头"。贵族男子佩戴"瓦楞帽"，女子佩戴"顾姑冠"。

顾姑冠（也有译姑姑、罟罛、固姑、故故的，是蒙语对冠的称呼）更别致，形如细而高大的花瓶（左上图）。山西洪洞元墓壁画（右上图）。

黄道婆

黄道婆，江苏松江乌泥泾人（今属上海市），生于宋末元初。小时为童养媳，因不堪公婆、丈夫虐待逃离婆家，流落崖州（今属海南三亚市）。在当地向黎族同胞学习当时较为先进的纺织技术，并与之结下深厚的情谊。

近三十年的黎族生活，黄道婆始终未改对故乡的怀念。约在元贞年间（1295年），她从崖州返回乌泥泾，用其在崖州所学的棉纺织新技术：捍，指用搅车，即轧棉车，去籽得棉，提高工效；弹，是指棉花需经弓弹的工序，方能松软，以利使用；纺，改单锭手摇纺车为三锭脚踏纺棉车；织，指

自己总结成的"错纱、配色、综线、絜花"等先进的织造技术，促进了棉织物提花的发展，使普通的棉织物集实用和美感于一身。"乌泥泾被"迅速传至附近的上海、太仓等县，"人既受教，竞相作为，转货他郡，家既就殷"（元陶宗仪《南村辍耕录》卷二十四《黄道婆》），并迅速远销外地十余省，还以"南京布"之名从广州出口，真可谓"衣被天下"，松江府亦成为全国最大的纺织中心。

黄道婆塑像。

| 明朝服饰 |

　　1368 年，依靠农民起义的强大力量推翻元朝统治的朱元璋在应天府 (今江苏南京市) 建立明王朝后，下诏宣布"恢复汉官之威仪"，即以周汉唐宋服饰为基础，创立较前朝等级秩序更为严密的服饰制度，如"补服"就是极具汉文化意义的符号标识。

明朝服制

朱元璋在加强中央集权的同时，对社会风俗、穿着习惯亦进行了整顿，凡元代留下的种种习俗，如辫发、胡服、裤褶、窄袖等，一律禁止，并着手制定服仪。

制定服仪

明朝既以周汉唐宋礼制为宗，又对六冕繁缛礼服进行简化，即"祭天地、宗庙、服衮冕。社稷等祀，服通天冠，绛纱袍。馀不用"（张廷玉等《明史》），并以补服、佩绶、颜色、牙牌等搭配组合成系列，以区分官员品级。所谓牙牌，就是以象牙为质，上刻官职，如"勋"（公、侯、伯）、"亲"（驸马、都尉）、"文、武"（文、武二职）、"乐"（教坊官）等字样，悬挂在身，取代唐宋的鱼袋，作为出入宫禁的凭证，显示了明统治者对服饰审美价值的独特见解。

男服仪制。帝王冕服，由衮冕和十二章纹组成，色尚赤。

其他如朝服、公服、常服等，各依制进行了详细的规定。常服纹样突出，饰于胸前背后，称为补子，服装亦称为补服。

皇帝礼服盘领袍。因袍的前胸、后背、两肩及裳的正面饰以团龙纹，故又名"黄龙袍"。袍上绣有十二章纹，内衣上也饰有类似的纹样，这在明之前是很少见的。

补子，绣在袍的前胸后背的方形纹饰，边长约40厘米，文官用禽纹，武官用兽纹。以玄色为底，纹样以素色为主，且四周一般不用边饰。补子是明代官服颇具特色的元素，是富有文化意义的符号体系，也是汉传统文化的凝聚体，寄托君王对任职官员的期望，集理念与标识于一体。这是后来清朝改朝易服保留补子的一大原因。补服的长度与公服相同，但袖长略有区别，文官的袖子过手折回与肘齐；武官的袖口出拳。两图分别为官员补子实物和五毒艾虎云龙纹方补子实物（正、背）。

官员补子实物图

五毒艾虎云龙纹方补（正面）　　　　五毒艾虎云龙纹方补（背面）

恩赐服，顾名思义，蒙皇恩赏赐才可穿着，如蟒袍、飞鱼服等。

左图为《李贞写真像》。朱元璋起兵后，朱元璋二姐夫李贞带着儿子投奔效力，其子李文忠为明朝开国名将，死后被封岐阳王。画像中李贞身穿月白色蟒袍，头戴唐式乌纱软脚幞头，端坐椅中，神色肃穆，威风凛凛。椅后立着皇帝所赐龙杖，意指皇亲国戚兼开国功臣的身份和地位。

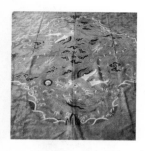

左图为"喜相逢过肩蟒袍衣料"。蟒，无毒大蛇，过去归于龙类。蟒衣上饰有蟒纹，形与龙似但少一爪，又称蟒龙服。蟒衣原仅赏予来朝的外国高级使节，后有武将因军功受赏蟒衣，也有阁臣蒙赏，连司礼太监也身着蟒衣。

飞鱼服，皇帝心腹可穿，是一种荣耀标志，仅次于蟒衣。飞鱼图案头如龙，身似鱼，由蟒形加鱼鳍、鱼尾等变化而成。山西省博物馆收藏有飞鱼服实物。

命妇仪制

明朝女子服装及饰物较为丰富，有衫、袄、裙、褙子及霞帔等。这里着重介绍命妇的礼服和常服。

皇后礼服，头饰为精美龙凤冠。定陵共出土凤冠四件，分别为三龙双凤冠、十二龙九凤冠、九龙九凤冠和六龙三凤冠，分属孝端、孝靖两位皇后所有。冠均为漆竹胎，四周饰以翡翠，上饰龙凤，口衔珠翠，呈飞翔跃动之姿，冠后左右有形似翅膀的"博鬓"作为装饰。

命妇礼服由凤冠、霞帔、大袖衫及背子组成，以颜色、纹样配合区分等级。凤冠上缀点翠凤凰与珠宝流苏，以"花钗"区分品级。

左图：三龙二凤冠，正中一龙口衔珠滴，左右各一龙，口衔珠宝流苏，左右各三扇博鬓。

右图：十二龙九凤冠，与三龙二凤冠同属明朝孝靖皇后所有。

霞帔，也称"披帛"，是宋明以来重要的冠服之一。相比前朝，明朝披帛发生了较大变化。其经头颈垂于胸前，像两条彩带，上绣花和禽纹，两端缀有金、银、玉等材料制成的坠饰。命妇霞帔依其夫品级穿戴。

褙子也是明朝命妇礼服的组成部分，穿着范围较广，民间亦有将褙子用作礼服的。袖有宽、窄二式，均是宽身造型。

明朝命妇常服由长袄、长裙组成。长袄是一种用罗、缎制成的便装，衣长过膝，有盘领、交领和对襟等样式，领上以金属扣固定，袖窄，领、袖均饰缘边。下裳为裙，穿裤者少见。裙子造型简洁，制作简便，仅在裙摆边缘绣些花边做压脚。颜色多为紫、绿二色。

士庶服装

明朝士庶百姓的服装禁令较多：不准用黄色，禁用锦、绮、绫、罗、纻丝等，只可穿绢和素纱，首饰禁用金玉珠翠，只可用银饰。唯结婚当天，准借九品官服举行典礼。男装以袍类为主，女子穿着长袄、长裙等。吉祥纹样的系列化，成为明朝服饰文化的一大特色。

男子服装

士庶男子服装主要有以下两大类。一类是僧服俗化，从僧道服装演变而来的士庶之装，如直裰、道袍等。另一类是因宋儒程颐常穿此服而得名的程子衣，也被称为士人宽袖衫。

穿宽袖衫的士人。

女子服装与童装

明朝社会审美能力的提高促使女装新款式问世，如比甲、水田衣等，皆为平民女装增添风采。

比甲最早产生于元朝，是一种无领、无袖、比较长的对襟马甲，至明朝形成风气，且以青年女性穿着居多。就造型而言，比甲的门襟往往镶有醒目的图案缘边，装饰性较强；就穿着效果来看，因其无袖又可外穿，非常方便、实用；因此倍受女性喜爱（左上图）。右上图中，左边为劳作之人的装束，斜领大襟衫，呈宽边直身形，有士子气息。

儿童服装，富有童稚。

吉祥图案

吉祥图案是一种表达祝愿和希冀的图案，发展到了明朝，在官场和民间广泛存在。吉祥图案早在两汉时期就已出现，以文字形式用于工艺装饰，如"昌乐""如意""延年万寿"等。而象征性寓意的吉祥图案则发展于唐宋。例如唐朝所创的莲花化佛图案，至宋则取"莲""连"谐音，出现了"连生贵子"的吉祥图案。

明人事必求吉祥，已成普遍心态，体现在图案装饰方面，则力求样样如意、个个吉祥，"吉祥"成了必备的主题装饰。饶有趣味的吉祥图案纷纷出现，蔚成风气。人们将自然界具有象征意义的动植物，通过"谐音""会意""音意"等构成图案，以表达美好愿望；还以风俗习惯、历史掌故、民间传说、男女爱情等为素材，体现安居乐业、夫妻好合、多子多孙、延年益寿、官运亨通、五谷丰登等内容，从而集装饰、趣味和审美为一体。其中祥云、万字、如意、龙凤、百花、百兽等为明朝常见的形象，而"八仙""八宝""八吉祥"等图案的使用也很普遍。

明朝矩形宝蓝地盘金绣蟒纹袍料传世实物。

男女首服

　　明朝男子首服多包含统治意识；女子喜梳"高髻"，"假髻"亦很普遍，"额帕"在当时较为流行。

男子首服

　　男子头巾至明形状已定，按需选戴，无系带之累，多具有寓意性。江南地区有专营盔帽的店铺。

所谓寓意性巾帽，主要指网巾、四方平定巾、六合一统帽等，都和朱元璋的江山社稷有关。这些名称的主观意识相当明显，如"网巾，用以裹头，则万发俱齐"（左图）。

乌纱帽是用乌纱制作的帽子。圆顶，前高后低，两旁各展一角为饰，宽一寸多，长五寸有余，后垂两根飘带。戴帽前先用网巾约发，使之挺实（右图）。明朝洪武年间，乌纱帽被定为"官帽"，系百官处理政务时所戴，是官服的组成部分，也成为官职的代名词。

忠靖冠是明世宗嘉靖帝仿古玄冠绘图制定而成的。冠以乌纱为质，中部隆起呈方形，有三梁，梁缘用金线压边，冠后排列呈两山形，似两耳。以饰纹区分等级：三品以上饰有纹样，四品以下为素地，边缘为蓝青色。"忠靖"二字寓意"进思尽忠，退思补过"。嘉靖七年至明末崇祯时期文武百官必戴忠靖冠，七品以上文官、八品以上翰林及都督以上武官皆需穿着忠靖冠服。

万历金冠是明代金银细工之精品，制作工艺高超，纹饰生动。金冠重826克，高24厘米，直径20.5厘米。研究认为，此冠虽属皇帝常服戴冠，但纵观整个冠体，竟找不到一个接头、一个焊点，标志着中国古代缕织工艺已达到登峰造极、炉火纯青的境界。

女子首服

女子首服以龙凤冠为贵，"高髻""假髻""额帕"等也很有特色。

高髻，时尚髻式，远望如男纱帽，上缀珠翠。又如"桃心髻"，将髻盘成扁圆形，顶部饰成宝石花状，明仕女画中多有描绘。还有"堕马髻"，将头发梳理整齐并卷起上扬，挽成大髻，垂于一侧。

假髻。明朝妇女戴假髻非常普遍，明朝的假髻分为两种。一种是掺以部分假发，并衬以发托，从而增加发髻高度。这种发托叫发鼓，是以铁丝弯成环状，外编以发，高度达到发髻的一半，罩于髻上，再而以簪绾固定。另一种完全是假发的制成品，用时直接套在头上，无须梳理，供已婚妇女选用，居家、外出均可戴，并有专门店铺出售，形式多样。这种假髻一直流行至清初。

明朝冕服制和十二章纹等，不仅是对汉唐礼仪的恢复和继承，而且还创立了补服这一特有的官服纹饰，以符号性的图案作为识别官员的标志，其影响力一直延续至清代。在郑和七下西洋传播中华文化的同时，海外的文化艺术也随之传入明朝，对当时的文化生活产生影响，对纺织品和服装的影响不容置疑。

江苏无锡江溪明华复诚妻曹氏墓出土假髻实物。

| 清朝服饰 |

　　明万历 44 年（公元 1616 年），建州女真左卫都督佥事爱新觉罗·努尔哈赤（即清太祖）统一女真各部，史称"后金"。1636 年，太宗皇太极改国号为"大清"。1644 年，清摄政王多尔衮趁李自成农民起义军立足未稳之际，率八旗军攻入北京城，顺治帝亦于同年入京，清朝统治者就此开始对中国长达近 270 年的统治。其所订立的服装制度，以繁缛、庞杂著称。

清朝服制

清朝服制的繁缛，固然有其强化统治的需要，同时也反映出清王朝染织业空前发展，可以适应统治集团的大量需求。清政府除了在江宁（今南京）、苏州、杭州等地设有专门的织造局外，还在北京另组织染局，兼以民营产品作为补充。从影响力来看，三大织造局最为著名。江宁织造所织的锦缎专供清宫御用，丝织品名目繁多，锦缎纹饰富丽多彩，犹如美丽的云霞，所以名为"云锦"。

清初月白地云金龙海水妆花缎女帔，整个图案与色彩呈现出光彩夺目的装饰效果。

武力剃发定服制

清军入关后，发布剃发易服令，强迫汉族男子依照满俗，剃发蓄辫。若"仍存明制，不随本朝制度者，杀无赦"，采取"留头不留发，留发不留头"的血腥酷政，并强令汉族军民改穿满族服饰。生死与发式相连，史上罕见，因而当时民族矛盾甚为激烈。自接受明遗臣金之俊"十从十不从"的建议后，才缓解了汉满间的矛盾，也为汉族文化的传承赢得了宝贵的空间环境。顺治九年(1652年)《钦定服色肩舆永例》颁行，庞杂繁缛的清服制度就此面世。

作为中国最后一个封建王朝，清服制的繁缛是任何一朝都无法比拟的。现举皇帝礼服之一的朝服作说明。

皇帝朝服以黄色为主，冬夏各二式，龙纹。胸前、背后及两肩绣正龙各一，腰帷绣行龙五，衽绣正龙一，襞积（折裥处）前后各绣团龙九，裳绣正龙二、行龙四，披领绣行龙二，袖端绣正龙各一，列十二章纹，间以五色云，下幅绣八宝平水纹样。朝服质地有棉、纱、夹、裘四种，随季节更换。

朝袍样式为右衽大襟、圆领，袍身用纽扣固定，具有历史延续性。需要指出的是，"龙袍"作为一种服装的专用名称，并被正式列入服制，正是在清王朝（《清史稿·舆服制》）。

文武百官的服装主要有袍和褂。袍上有蟒纹的称蟒袍，褂有外褂、行褂和补褂之分。

袍，清朝主要礼服，以袍衩区别尊卑。皇室贵族的袍在下摆前后左右开四衩，官吏士庶的袍在下摆两侧开衩。袖口装有"箭袖"，也叫"箭衣"。箭袖似马蹄，又名"马蹄袖"，便于驰骋疆场，寓意常备不懈，这是清王朝改革历代宽衣大袖的成功范例。然而，随着时间的推移，袖口被逐渐放大，清乾隆帝严厉训斥："若废骑射，宽衣大袖，待他人割肉而后食，与尚左手之人何以异耶？"

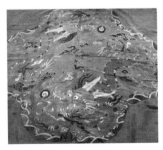

蟒袍，官服中最为贵重者。因缀有蟒纹而得名，又称花衣，是职官、命妇的专服，穿在外褂之内。上自皇帝，下至九品均可穿着，以颜色及蟒纹(包括蟒爪)的多寡区分级别。左图为明末清初织锦妆花缎过肩蟒袍料传世实物。

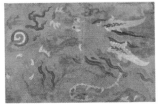

清龙袍料传世实物。

褂，清朝特有的礼服，穿在袍服之外，不分男女都可穿着。有外褂、行褂和补褂之分，穿着在外的称外褂，俗称长褂，又称礼褂；便于行走、骑马的称为"马褂"，又名短褂或行褂。其制有对襟（礼服）、大襟（常服）、缺襟（又称琵琶襟），襟下截去一块，用纽扣固定以便骑马行走，故也叫行装。其领多为圆领，平袖口。以黄马褂为贵，非皇帝赏赐不可穿着。

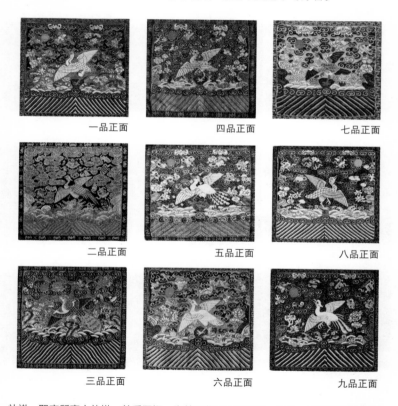

一品正面　　　四品正面　　　七品正面

二品正面　　　五品正面　　　八品正面

三品正面　　　六品正面　　　九品正面

补褂，职官所穿之礼褂，前后开衩，胸前和背后正中各缀一方形、纹样相同的补子，故称补褂。这是清承袭明职官的主要服饰，依品级绣文禽武兽图案。图为康雍时期文官一至九品的补子传世实物正面。

马甲，也叫背心，北方称"坎肩"。本为朝廷要员穿着，称军机坎，后流传于一般官员，成半礼服。有对襟、大襟、琵琶襟等样式（上左图）。

皇后礼服，包括太皇太后、皇太后的礼服都是朝服，有冬、夏二式，由朝冠、朝褂、朝袍和朝裙等组成。朝冠，顶有三层，每层有一颗大东珠和一条金凤，并以金饰、珠宝点缀。朝褂，形似坎肩。朝袍以明黄色为主，褂与袍之间是朝裙，面料因季节而不同（上中图）。

贵妇服饰由凤冠、霞帔等组成。霞帔沿用明朝，但比明代更为宽大，中缀补子，下饰彩色流苏。服装皆用锦缎精绣，绣有四季花卉：春牡丹、夏荷、秋菊、冬梅（上右图）。

首服佩饰

　　清朝服制，除袍服的整套系列外，还须冠帽的配合。男冠主要有礼帽、便帽。

男冠礼帽，即大帽子，有暖、凉二式。帽顶分别缀有红、蓝、白诸色顶珠，是区分职官品级的重要标志。珠下有一根孔雀翎毛垂于脑后，称"花翎"，有单眼、双眼、三眼之别，无眼则称"蓝翎"。眼，即翎毛尾部如眼睛般灿烂鲜明的花纹，以三眼为贵。亲王、郡王、贝勒、贝子、公等宗室贵族，只有得到皇上赏赐才能戴三眼花翎。因此，蒙赏就是一种荣誉，更是一个特殊阶层的象征。

士庶百姓服装

男子服装

清朝士绅便服除袍、衫、裤外，还有小褂也是平时的主要服式。其制采用对襟、窄袖，长至膝盖。

满汉女装

"十从十不从"第一条为"男从女不从"，故清代平民妇女服装可不从满制，而承明朝旧制，上服衫、袄和马甲，下着裙。

农夫力士，通常不着袍褂，以短式衫、袄为主。

清朝汉族妇女的裙装颇具特色。以红裙为贵，先后流行过的样式达几十种之多。左图就是以整幅缎子打褶而成的百褶裙。还有在百褶裙上进行加工的，如用丝线将褶裥交错串联成鱼鳞状，伸缩自如，称为"鱼鳞百褶裙"，可以增强女性妩媚动人的姿态。

满族妇女与男子一样，以袍服为主要衣着形式。因满族实行八旗制度，凡入旗籍者皆称"旗人"，其所穿之衣亦称为"旗袍"。这种服装为宽腰身、掩襟右衽、圆领、左右开衩，适合满族的生活方式，行走、骑马、劳作等活动皆可应对，有单、夹和棉、皮之分。在初期男女皆可穿着旗袍，后因其具有独特的审美价值，逐步演变成中国妇女的专用服装。

首冠足履配饰

　　清朝士庶首服，男子较简便，除便帽(即瓜皮帽)之外，各种形式的草帽被普通百姓用来遮日避雨，风帽、暖帽、毡帽等也是士庶平民所喜好的。女子首服因满汉之间的相互影响，新发型不断涌现。女子发式讲究装饰，喜欢用金、银、宝石制成石榴、牡丹、蝙蝠等物象对发型进行美化(男子也有)，寓意吉祥，形式各异，名称奇特。

　　还有那些形式多样、造型别致的高髻发式，令人称奇。有的高髻以花卉命名，造型好似盛放的富贵牡丹、田田的荷花，饱满光润。制作发髻时以

假发衬托定型，髻后留有余发梳成燕尾状，以增加发型的动势。发型可保持三四天，睡觉多用高硬之枕，稍有散乱，用油、蜡、胶等抹拭，发型便可恢复如初。流行于康熙、乾隆年间。

大拉翅，高髻造型。将长发朝后梳作两股，垂于脖后再分股向上折，固定呈扁平状(称扁方)，发根呈短柱状。这是清代最为奇特的女子发式，从咸丰年间一直兴盛至民国初年，后因梳理太繁琐而逐渐被弃。

观清朝禹之鼎所绘仕女图，可对当时的女子发型有所了解。

旗女盛装穿旗袍，必配上一双特殊的"高跟鞋"。其鞋底中间装有木质高跟，厚度从一、两寸到三、四寸不等，有的上宽下圆，形似花盆，名为"花盆底"，有的因踏地痕迹极像马蹄，故称"马蹄底"。鞋

面用绸缎制成，上有刺绣，有些还镶饰珠宝。旗女穿着这种鞋时，必须挺胸直腰才能维持体态平衡，从而使女性的婀娜体态和优美线条得到充分展示。这与今之高跟鞋有异曲同工之妙，旨在增加身高和展示姿态之美。

云肩为清朝女子的肩上饰物，使用较为普遍，是清初女子结婚或行礼时的必要装备。右图是一条彩绣云肩，由19片状如莲瓣的精绣品连接而成，边缘有剑带形垂饰，华美富丽。光绪末年，江南女子多低髻垂肩，常用云肩遮护以防油污衣衫，发挥其实用功能。

佩饰。清朝男女还喜爱佩挂饰品，常在颈项、腰间、衣襟等处佩挂各种饰物。儿童佩挂长命锁寓意避灾祛邪，"锁"命长久；男女佩挂荷包作为爱情信物。"荷包"之名出现于宋代，其前身为"荷囊"，是一种存放零星细物的小袋，形状各异。清时以丝织物为主，上施彩绣，有大量传世实物。

佩饰因其形式、色彩、图案等因素广受欢迎，对缝纫工具的装饰也有很大影响，比如绕线板。绕线板是缝工必备工具，其材质以木为主，银、铜、瓷、漆皮，亦时有见之。形状多以圆、椭圆、长方形等，轮廓为圆弧线条，既实用又美观。常用浅浮雕艺术手法将人物、动植物等形象的图案化，有的以梅、兰、竹、菊、莲、荷等的枝叶合成花卉纹样；有的以八仙故事的法器、宝物作为暗八仙纹样；有的以长命富贵、金玉满堂、泽被子孙等图文组成吉祥纹样；有的采用蝙蝠、蝴蝶、锦鳞、狮、虎等谐音图案；还有杂技人物图案、戏曲故事图案、变化多端的几何纹样，以及反映西域丝路文化、近代西洋文化的图案。

太平天国服装

洪秀全所穿的龙袍。

1840 年鸦片战争及其后产生的一系列不平等条约，使中国迅速沦为半殖民地半封建社会，中国百姓开始遭受清廷和外国资本主义列强日甚一日的搜刮、压榨和蹂躏，引发重重矛盾，不时出现揭竿而起者。1851 年 1 月 11 日，洪秀全领导的太平天国农民革命爆发，于 1853 年 3 月 19 日攻下江宁（今南京），定都于此并改称天京。这个与清王朝对峙十余年的太平天国农民革命政权采取了一系列措施巩固和扩大战果，服装也在改革之列。

太平天国定都后，设立专业机构进行服装制作和管理，由"绣锦营"和"典衣衙"负责官兵服装的具体事务。太平天国将领的朝服有长袍和马褂两种。长袍样式为圆领，袖口宽大平直，分黄、红两色，依职衔而定。天王、东王穿着的黄缎袍上绣龙纹，分别为九龙袍、八龙袍；北王、翼王、燕王和豫王、侯、丞相等穿着的龙袍上所绣龙纹数依次递减，分别为七龙袍、六龙袍、五龙袍、四龙袍；低级别官员虽不能身穿龙袍，但可以头戴缀有龙纹的朝帽，这是大多数官员的冠饰，反映了太平天国政权在一定程度上的等级意识。

马褂衣长及腰，也分黄、红二色。天王穿着的黄缎马褂上绣八团龙，加上正中一团绣双龙，合九之数，并绣"天王"二金字。东王的黄马褂为八团龙，北王、翼王、燕王和豫王等人的黄马褂皆为四团龙，并绣爵衔。国宗马褂从各王制。侯至指挥黄缎马褂各绣两团龙，中绣官爵。军帅至旅帅则改为红马褂，前后绣牡丹二团，并绣职衔。

研究发现，太平天国龙袍上所绣的龙眼大小不一，其中一只眼被人为放大或缩小，另一只眼的比例正常，这就是天朝龙袍的"射眼"之制。经如此处理的龙纹被称为"宝贝金龙"，天朝官员的服装普遍采用这种图案。

南京"太平天国历史博物馆"收藏的马褂就保存着这种"射眼"的痕迹。但1853年后，"射眼"之制被取消。《天父下凡诏》里说："今后天国天朝所刻之龙尽是宝贝金龙，不用射眼也。"

兵士平时穿着短衣与坎肩，战时穿着的"号衣"为背心，根据不同的衣边颜色区分所属部队。天王部队的金黄背心无边；东王、西王、南王、北王、翼王等部队的衣边颜色依次为绿、白、红、黑、蓝等色；燕王、豫王、侯至指挥的部队所穿的黄背心为水红边；将军至监军、军帅至两司马则穿着黄边和绿边的红背心。

太平天国的军队编制和将帅服装颜色受汉传统文化"四方之色"的影响，根据青东、朱南、白西、玄北分封东、南、西、北四王，部队和旗帜用色也受此影响。天王居中，部队服装和旗帜为黄色。

号衣的前胸、后背均缝有一寸见方的黄布，称为"号布"。黄布上有"太平""圣兵"或"某军圣兵"字样，似为明代补子的延续。另有木制腰牌相配，注明部队番号及长官姓名并加盖长官火印，以此作为出入军营的凭证。

苏州丝绸服饰陈列馆馆藏的太平天国时期苏福省缂丝桌围、椅披等室内陈设物，
上有吉祥图案。

  太平天国运动最终以失败告终，清王朝的封建统治也被 1911 年的辛亥
革命推翻。清王朝虽然终结了我国 2000 多年冠冕衣裳史的传统服饰仪制，
但这个朝代的服饰或多或少还是受到了汉服影响。如采用十二章纹作为衮
服、朝服的纹饰，运用明代补子作为识别官职的标志，既有满族特点，又具
有汉服特征，丰富和发展了中华服饰，为这一灿烂的文化宝库作出了应有的
贡献。

1911 年辛亥革命推翻了清王朝的封建统治，封建服制也就此终结。随之而来的是新式服饰的开端。

服制改革

鸦片战争以后，中国沦为半殖民地半封建社会。1894 年，甲午战争爆发，中国战败签订《马关条约》引起西方列强对我国瓜分狂潮。有识之士、社会贤达、青年学子等纷纷上书陈辞，要求顺时变服图强。清廷为维持封建法统不许更张，仅对军警和学生操练服进行了一些改革。辛亥革命后，中华民国成立，发布了《剪辫通令》，革除了近 300 年的辫发陋习，从根本上废除了"昭名分，辨等威"的服装传统及典章仪制，并颁布了一系列有关服装的条令和规定，侧重于军、警、外交官、检察官、律师等公职人员的着装。

中西融合

西装的引进和吸收为男装的发展开辟了一个全新的领域。西装便于穿着，贴合人体，利于活动，显示穿着者的潇洒英姿。旗袍不断汉化，丰富了女装世界，成为 20 世纪三四十年代女性的普遍着装，并在海外产生了广泛的影响，尤其深得东南亚地区女性的喜爱。这个时期的服装中西并存，长袍（衫）马褂与西装共存，衫裙与旗袍争辉，西装革履和旗袍大衣成为当时的时髦服装。

中山装

北伐胜利后，国民政府制定宪法。因中山装造型大方、严谨，适合于表达男子内向、持重的特点，国民党在制定宪法时，将其定为礼服。春、秋、冬三季常用黑色面料，夏季常用白色面料。中山装也可用作常服。

中山装是越南华侨巨商黄隆生根据孙中山先生的授意而设计的，以学生装（一说日本铁路制服）为基本样式改革而成，因中山先生率先穿着而得名。其样式最初有背缝，背中有腰带，前门襟有七粒（一说九粒）纽扣，胖裥袋。

后来，中山装取消了背缝，改为前襟四个口袋、门襟五粒纽扣、袖口三粒装饰扣，并一一赋予其特定的含义：前襟四袋意为儒教的礼、义、廉、耻，此为国之四维；门襟五扣含五权（行政、立法、司法、考试、监察权）分立的意思；袖口三纽寓意三民主义（民族、民权、民生）以及共和理念（平等、自由、博爱）。中山装为我国男装的简化树立了榜样。

女子服饰

民国元年7月，参议院公布男女礼服定制；北伐后还规定，女子上衣以蓝和浅蓝、下裙以深色素净裙装为主。女子穿着衫、袄、裤也较为普遍，但多为乡间和劳作之人。西式服装也有不少仿效者。满制旗袍在汉化的基础上成为女性的特色服装，不论老少都喜欢旗袍的样式，穿旗袍的女性日益增多，并以淡雅的色泽为时尚。

裙式着装

民国初期，女装基本变化不大，还是上衣下裙。之后受海外文化和生活方式的影响，虽同是上衣下裙，却多了些时代气息。

裙式装有衣裙式和连衣裙两种

裙式装。

服式。从长短来看，衣裙式可分为衣长裙长、衣长裙短、衣短裙长等形式。从造型结构看，衣裙式大致有大襟、对襟、斜襟等样式，以穿着大襟者居多。下摆有直角、圆角、半圆弧形、圆形等形状。随着社会审美意识的变化，衣身、袖管的宽窄长短以及衣领的高低也在发生变化。这种源自民国初年的女装样式，直到如今仍然是我国女性着装的主要形式之一，不论其长短宽窄如何变化，其造型结构模式变化并不太大，不同的是文化背景、审美内涵等已发生了巨大的变化。

连衣裙，指衣、裙相连的一种服式，流行于 20 世纪 30 年代初。夏季衣衫较薄，年轻姑娘们穿上连衣裙并于腰间束带，就能把腰部的纤细和线条的柔美展示无遗。连衣裙的开襟有前后两种，后开襟通常自颈背而下。有人认为这种裙式受欧美影响，其实不然，我国先秦时期的深衣就是上下相连结构，只是其显示线条美的功效肯定不如近代的连衣裙，明清时期也有不少女装的结构与连衣裙相似。

时尚长裙。本图为20世纪30年代的时装表演（引自廖军等著《中国服饰百年》）。

旗袍

民国初年，旗袍的形式与清制旗装相近，穿旗袍的人很少。到 20 世纪 20 年代，上海的女装出现收腰、低领、袖长不过肘、下摆成弧线的造型趋势，并流行花边装饰，经过改良的新式旗袍应运而生。这种旗袍吸收了西式裁剪的长处，使女性胸、腰的曲线得以充分体现，但碍于传统观念的束缚，穿的人并不多。改良旗袍的普遍穿着据传与上海女学生有关，她们穿着新式蓝布旗袍漫步在上海街头，引起各界女士羡慕。20 世纪 40 年代，旗袍成为女性的主要服装。

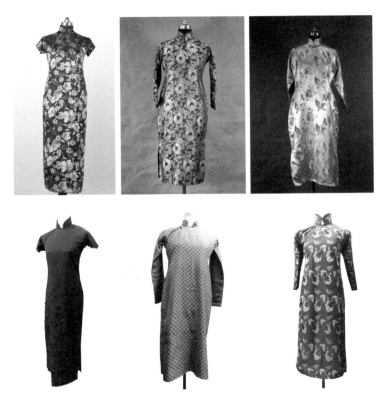

各式传世旗袍照片。

　　旗袍之所以深受女性的青睐，主要是因其采办容易，将上衣下裙合二为一，样式简洁；在穿法上注重搭配，集实用与审美功能于一体，比如天凉时在旗袍外加短背心或毛线衣御寒，或在西装外穿翻领西装，整体效果简练大方，展现出强烈的艺术韵味，为着装者平添高贵的气质和凝重的意蕴；色彩清丽、花型典雅的旗袍可以体现女性稳重、温柔的性格特征，显示东方女性曲线美的特殊魅力；所有这些都是其他服装所难以替代的。

民间举办婚庆典礼、拍摄结婚照时，新郎穿戴中式长袍、西式礼帽，新娘穿戴旗袍、凤冠加西式婚纱，显示中西合璧，体现传统与时尚结合。重大节庆典礼更是离不开旗袍，它已成为20世纪中国最有影响的女性服装。这就是旗袍至今仍被作为中华女性的礼仪服装、享有"国服"之盛誉的原因。

结婚照，传世照片。

"倒大袖"指袖口尺寸大于袖窿，是民国女装的一大特点。图为传世实物。

发型多样

　　清末民初，女子发式多变，流行的发髻样式较多，名称亦很形象，如"元宝髻""鲍鱼髻""香瓜髻""面包髻""朝天髻"等。当然，饰物也特别讲究，以期与衣着相匹配。

　　妇女发式随社会发展而变化。初时流行梳髻，堕马髻为其中一式，流传可谓广泛。后来额前有饰"刘海"之俗，不分老少，皆以留额发为时尚，样式颇多，有"一字式""燕尾式""弧月式"等。尔后时兴剪发、烫发，大致在 20 世纪 30 年代出现烫发（曙山《女人截发考》书中指出，1933 年我国已有烫发）。

20世纪三四十年代烫发妇女的传世照片（引自《永安月刊》）。

海派时尚

民国时期的服装时尚应以开埠最早的上海为主导。上海市民的穿着颇得风气之先，且担当了引领时尚的重任。

自从国门被英吉利的火炮轰开之后，西方文化的涌入对国人的影响很大，不少人以西方的衣着打扮为时髦，于是出现了时装。20 世纪 30 年代，新闻媒介传播时尚风潮；电影中的主人公（特别是女性）穿着设计新颖别致的服装；服装商举办时装展览或者邀请明星穿着他们的新奇时装，以刺激女性的消费欲望。女装更趋时装化，新款不断涌现，促进了时装的流行。

《永安月刊》创刊号。其封面形象为永安公司郭琳爽的女儿，在当时具有轰动效应，成为上海服装界的引领者。有首歌谣说得好："人人都学上海样，学来学去学不像，等到学了三分像，上海又变新花样。"那时上海的服装"他处尤而效之，致有海式之目"（《上海志》）。据说，巴黎的时新服饰出现三四个月后就会流行到上海来。上海在当时已成为全国服饰中心，一衣一扣、一鞋一袜都足以影响全国。即使如南京、北京那样的大城市也以上海的穿着为榜样。上海拥有一流的服装店铺，这也促进了海派时尚的发展。

上海市民家庭合照，透露服饰信息颇多。其一，旗袍紧跟欧美风尚，改良为短袖，显示手臂线条美。其二，衬衫品种多，三位男士的领型各不相同。其三，少年装（童装）多姿多彩，前排坐着的四个孩子服装样式各异。

风靡上海及全国各地的手工绒线织物是海派时尚的一大亮点。研究表明，当时国人并不知晓近现代编织技法与服装之间的联系，而某些外国女性手工编织的毛衣却深受家境富裕女性的喜爱。这当中的商机被创立恒源祥的沈莱舟洞察，于是他礼聘编织技师到店传授编织技巧，并出资印制《冯秋萍毛衣编织花样与技巧》实用手册在店内免费发放。此举不仅使恒源祥生意红火，亦为同行效仿。随后，黄培英、鲍国芳等编织技师的涌现及其相关书籍的问世更把这项诞生于上海的手工编织技艺推向大江南北，有些女性还把编织作为谋生的手段，"打一手好毛线"成了当时赞扬女士心灵手巧的褒奖话语。

由于恒源祥品牌对编织技艺的传授，绒线衣逐渐成了旗袍穿着的最佳搭配：温婉雅致的旗袍，外罩手编时尚毛衣，东方古典韵味和西方摩登情调融为一体，成了女星们的最爱。

民国时期恒源祥的绒线编结广告，代言人是百变影后——上官云珠。

| 中华人民共和国服饰 |

中华人民共和国成立之初，百废待兴，物质条件很差，又遭遇国外敌对势力经济封锁，生活以简朴为主。服装的样式受到军装的影响，男穿干部服（中山装）、女穿列宁装的现象很普遍。这是 20 世纪五六十年代我国服装的主要形式，是人们首次以着装形式表达对新生活的向往。20 世纪 80 年代开始，国人迎来了我国服装发展史上的又一崭新天地。

初期干部服

中华人民共和国成立之初，受当时衣着环境的影响，列宁装、苏式服装以及其后演绎出的人民装等成了整个社会，尤其是城市居民的时髦装束。由于经济发展满足不了人们的实际需求，1954 年 9 月 14 日中央人民政府政务院颁布《关于实行棉布计划收购和计划供应的命令》，实行计划供应，服装也进入了计划经济时代。

列宁装

该服装因列宁的穿着而闻名于世。人们在《列宁在十月》《列宁在一九一八》这些早期电影中，都能见到其风采。这种改良西装进入中国后，转化为女性制式服装，并形成颇有声色的穿着热潮。其形式为大翻领、双排扣、左右襟中下方置暗斜插袋各一，饰三纽扣，腰束同色布宽带一根，意在显示腰际弧线，并与臀部弧线相呼应。

"布拉吉"

"布拉吉"为俄语连衣裙的音译，这种服装颇受年轻姑娘的喜爱，有束腰、直身等样式。衣襟开合前后皆可，领型圆方不一，短泡袖。腰间略收，初显腰身曲线。整体自由度大，色彩多样，款式新颖，穿着方便，观感轻盈，街头、公园，到处可见穿着"布拉吉"的女性。

穿着"布拉吉"的年轻姑娘。

人民装

中华人民共和国成立初期，因中山装、列宁装的时兴，有关人士据此又设计出人民装。其款式为尖角翻领、单排扣、翻盖袋。人民装集中山装的庄重严谨和列宁装的简洁大方为一体，老少咸宜。起初其衣领紧扣喉头，令穿着者感觉不适，尔后领口不断开大，翻领也由小变大。

因毛泽东主席在公开场合经常如此穿着，人民装被外国人称为"毛式服装"。又因其不分老少、不论面料，在城乡各地处处可见，故被称为"国服"，直至20世纪70年代末。

由人民装衍生出青年装、学生装、军便装、女式两用衫等。

"老三款"

1966—1976 年，中国社会处于"文化大革命"时期。这一时期的服装样式很简单，"老三色"（蓝、黑、灰）和"老三款"（中山装、人民装、军装）统领着全国城乡的穿着形态。

军装

20 世纪六七十年代，当时的中、青年尤以能穿军装为荣，一款军装在身，似觉身份倍增。军装因而成了普通百姓努力追逐的对象，甚至出现复员退伍军人还未到家，其军装已被亲朋好友"预订"一空的现象。

左图中两位男青年，一人身穿军大衣，另一人身穿军便服。

两用衫、罩衫

两用衫是指一种适宜春秋两季穿着的便服，款式简洁大方。前门襟四粒扣，前衣下部有左右对称的口袋。衣身宽大，长至臀围下。有直身、收腰等样式。领式较多，有关驳领、大（小）翻领、连驳领等式，领角亦有方、圆、尖等形状。袖有装袖、连肩袖、插肩袖等式。两用衫设计多样，丰富了女性的衣着生活。

罩衫是穿在棉衣外的衣装。样式为中式领、直腰身。衣扣花式较多，有中式一字盘扣、布包扣、塑料扣、装饰扣（内缝揿钮）等。

工装

中华人民共和国成立之后，工人阶级的社会地位不断提高，到"文革"时，工人更是得到社会的普遍尊重，有"工人老大哥"之称。在这样的社会背景下，工人们所穿着的劳动防护服（俗称工作服，即工装衣裤或背带裤）成为时尚装束，颇受社会青睐。

工装的面料以深蓝色为主，常用面料为粗棉纱织成的劳动布、卡其布、粗纺布等，基本款型为直身宽体、裤脚肥大、腰部上下都能保护人体的连衣工装裤。腰至前胸饰长方形或梯形贴袋，后背至腰有两条长背带，过肩与前胸衣片相固定，因此又名背带裤。

身着两用衫的青年。

头戴工作帽、颈系白毛巾是当时劳动者的典型形象。背带裤面料厚实耐用、有质感，给人以干练、实在的观感，也是其受到青睐的原因。

服饰新发展

1978年，中国进入改革开放的新时期，形式各异的服装冲击着人们的着装理念，服装的个性化意识开始占据主导地位。皮尔·卡丹（Pierre Cardin）、伊夫·圣·罗兰（Yves Saint Laurent）和小筱顺子（Junko Koshino）这三位国际服装设计师先后来到北京进行时装展示，为中外服装文化的交流打下了基础，并且推动了西服的生产和品牌的创建。

时尚新风兴起

改革开放后，我国服装的发展受到了影视剧中人物形象的较大影响。随着《加里森敢死队》《血疑》《街上流行红裙子》《红衣少女》《姿三四郎》《追捕》《蝙蝠侠》《第一滴血》等中外影视剧的播映，根据剧中人物形象设计的服饰在市场上颇为畅销。

"麦克镜"，源自美国大型科幻片《大西洋底下来的人》。

美国电视剧《大西洋底下来的人》的热映，使主人公麦克·哈克斯的英俊形象特别令人着迷，年轻人群起仿效其穿着打扮。麦克所戴的宽大墨镜被称为"麦克镜"，因其形似癞蛤蟆，又被戏称为"蛤蟆镜"（多少带点贬义），并迅速由上海风靡全国。

与之同样遭受诟病的是喇叭裤。该裤低腰短裆，紧裹臀部，裤管上窄，自膝盖而下逐步放宽，呈喇叭状，因而得名，有的裤脚宽竟达60厘米。在当时上了年岁、受到传统教育的人看来，"麦克镜"、喇叭裤（搭配手提录音机）是不正经的穿戴，属于奇装异服。但这的确是20世纪80年代初很酷的装扮，之后是牛仔装大行其道。

女性"健美裤"流行的时间相当长。这是一种弹性针织面料制作的连袜合体裤，民间称之为踏脚裤。全国女性无论什么年龄、职业、工种，几乎都穿过踏脚裤，这是当时衣橱必备的裤型。

"人立夹克"是改革开放初期广受男女老少喜爱的便装之一：舒适随意，活动自如，可衬托着装者的形体美。青年人穿夹克衫时喜欢搭配牛仔裤，因其衣摆较短，可以露出牛仔裤后的印字铜牌、皮革商标、锃亮的拷钮、铜钉扣等具有特色的装饰物，带来潇洒、帅气、飞扬的感觉，因而成为市场紧俏服装。右图为上海南京路上排队购买夹克衫的拥挤人群。

20世纪80年代，裘皮服装走俏，然而因其价格昂贵，一般人难以承受。上海产的皮装趁机占领市场，其中，夹棉两用男式皮装非常适合大众需求。从1983年至1990年初，皮装一直很流行，每年都是市场主角，非常畅销，甚至连平时很少受潮流影响的人也会购买皮装。

服装种类扩容

改革开放之后，我国的服装在面料、色彩、款式、功能和穿着方式等方面均发生了巨大的变化。大众的穿着观念经历了猎奇、尚名和个性化等阶段，使服装穿着脱离了遮体御寒的固有思想，成为经济活动与时尚社会最为活跃的物质文化符号。

服装设计、服装院校、服装报刊、流行色研究、时装发布、服装会展、服装节、时装周、峰会论坛、时尚产业园、大师工作室等纷纷出现，蓬勃发展。服装教育也开展得有声有色，为我国服装业输送人才，推动我国服装业与国际接轨。

西方篇

| 古埃及与西亚服饰 |

　　古埃及是四大文明古国之一，历史悠久、文化灿烂，位于非洲东北部，世界著名的尼罗河自南向北穿流全境。古希腊历史学家希罗多德（Herodotos，约公元前484—公元前425年）曾说："埃及是尼罗河的赠礼。"这个民族有着多神崇拜的宗教系统，自然界的蛇、鹰、狮、猫等动物都成为其崇拜的对象，亦可以作为衣冠之装饰。此外，兴起于两河流域中部的古巴比伦王国，以及曾经占据整个中亚、西亚和非洲部分地区的波斯大帝国，服饰也独具特色。

古埃及早期服饰

由于气候炎热，古埃及的服饰常常具有以下特征：宽松、轻盈、样式简单，多呈三角形，面料材质以羊毛、棉花和亚麻为主。

那尔迈的传说

那尔迈 (narmer) 可能就是传说中埃及第一王朝的创始人美尼斯，他身穿绕体一周、于左肩固定的包缠布——古埃及腰衣。右上图是迄今人类最古老的历史纪实性石刻浮雕，亦成为日后埃及纪念性艺术雕刻的典范之作。

右上图为双面盾形片岩浮雕，即埃及开罗博物馆馆藏《那尔迈石板》，是对那尔迈统一埃及大业的赞颂。古埃及以开罗为界分为两部，南部为上埃及，国王戴白冠，以鹰为保护神（图左）；北部为下埃及，国王戴红冠，以蛇为保护神（图右）。

右下图公元前约3200年，上下埃及统一，埃及史进入古王国时期，冠带亦集于一人。

古王国服饰

古王国时期（约公元前2686—公元前2181年，第3至第10王朝）的古埃及服装非常简单，具有代表性的男装有斯干特（Skent）短裙。男子在大腿间施以束带，于臀后扎紧，平民或仅以此作为遮羞布，或再加斯干特，腰衣就此发展而来。

左上图穿叠式胯裙，沿身体缠绕，胯裙上的束带和末端突起的垂片呈三角形，形似金字塔，与古埃及人的审美特征颇为吻合。

中上图塑像女子身着直鞘长衣，也称鞘式裙，款式为紧身筒形：自胸依体而下至小腿，无领。男子着白色短腰衣，颈饰护身符。深蓝发色上饰彩带，项饰绚丽多彩，与服装互为映衬。

中王国服饰

中王国时期（约公元前2040—公元前1786年，第11至第17王朝），男女服装变化明显。

女装延续古王国服饰特点，紧身合体，注重收腰，体现女性的形态美。

男装趋长，下摆边缘下移至小腿，且三角形胯裙大为内收，紧贴腰部。

开罗、罗浮宫、大都会等博物馆还藏有羽毛编织的服装实物，至今仍色彩鲜艳，斑斓夺目。据说，这是远古人类抵御邪恶的护身符。

古埃及新王国服饰

新王国时期（约公元前 1570—公元前 1085 年，第 18 至第 20 王朝），又称埃及帝国时期。这一时期的服装趋于繁丽，服装等级明确。

竖直长衣。衣长有的至双膝，有的至小腿，可穿在短胯裙之外以加强服装外观的形式美。

贯首式长衣。衣装整体宽松，多余面料在腰间打结，形成褶裥，或形成椭圆形扇面，垂至双膝，可增加衣着的装饰美。

圣职人员服饰。衣装腹部有一圆形突出的兽头饰物，类似豹或狮。传说在阴间掌管称量死者心脏、判定死者生前罪过的"阿努比斯"神是兽头人身，此纹饰可能意在威慑和警示民众约束言行，以免死后下地狱。

贯首式长衣也为女性穿着，区别在于腰饰呈窄飘带状垂于双膝，使女子形态更为优雅。左上图所示的女神（右）和王后（左）头戴浓密光洁的假发，假发上饰有珠宝。

中上图中所示为纳芙蒂蒂王后半身塑像。"纳芙蒂蒂"意为"世界上最美的女人"。

右上图所示为法老和王后彩色石灰岩雕像，王后身穿的束胸长裙由众多放射状、对称的褶皱构成，显得雍容华贵。

图坦卡蒙陵墓堪称旷世奇珍的艺术宝库，从中可以领略到古埃及人装饰之精美。其中左下图和中图所展示的法老人形金棺和黄金面具最为形象生动；右下图所示的由各种宝石镶嵌而成的坠饰更是精美。

两河流域服饰（西亚服饰）

在亚洲西部，幼发拉底河与底格里斯河之间有一块史称"美索不达米亚"（Mesopotamia）的肥沃大平原，又称"新月沃地"。这是圣经故事里的伊甸园，是西方文明的源头之一。先后诞生的古巴比伦、亚述、波斯及希腊、罗马等帝国所创造的宝贵财富和两河文明，经由苏美尔人、阿卡德人、亚述人、迦勒底人等的传承和发展，影响西亚乃至整个欧洲世界，在服饰以及艺术方面独具风貌。

苏美尔人服饰

在两河流域最早定居的是苏美尔人，早期男装与古埃及相似，面料名为"卡吾那凯斯"（Kaunakes），又名考纳吉斯，似以"流苏"为装饰。

图中的人物形象表明服装面料较厚重且极富肌理感，类似于毛织物或将羊毛固定在皮革等物上。图中女性全身缠裹一条大围巾，仅露出右肩，这种服装后来成为男装的主要样式。这种熟练的缠裹技巧，还可见于女性头巾。

拉格什城邦的杰出领袖古底亚的雕像，身穿被称为"大围巾式"的"缠裹型"服装。

阿卡德国王萨尔贡一世的青铜头像，凝聚了苏美尔人的审美特色。头盔纹饰为平行网状结构，须发呈螺旋式紧密排列，装饰手法独特、有力，刻画了这个以征战立国的"世界四方之王"粗犷、豪放的个性特征，同时体现了国君的威严和强悍。

巴比伦——亚述服饰

约在公元前 18 世纪，古巴比伦王国开始了对两河流域的统治。由汉谟拉比法典柱（Code of Hammurabi，Codex Hammurabi，约公元前 1800 年）可见其服装概略。

汉谟拉比法典柱的上端是太阳神沙马拉向汉谟拉比国王授予象征权力的魔标和魔环的浮雕。太阳神形体高大，胡须编成整齐的须辫，头戴螺旋形宝冠，右肩袒露，身着长过膝盖的长裙，正襟危坐；汉谟拉比头戴传统的王冠，神情肃穆，右手举作宣誓状。此衣着似沿用"大围巾式"服装样式；或以缀满流苏的披肩包裹身体至颈部，明显受考纳吉斯服影响，呈螺旋状，史称伏兰（Volant）装。

随着亚述人的城邦不断发展，至公元前 8 世纪，亚述进入帝国时期。亚述人更加注重服装外表的装饰和设计，流苏装饰得到频繁运用。

波斯服饰

公元前 550 年，经居鲁士、冈比斯、大流士三位国王的不断开拓，崛起于伊朗高原西南部的波斯帝国成为包含中亚（阿富汗、印度）、西亚（两河流域和土耳其）及古埃及的大帝国。疆域的广阔与多部族文化的融合，造就了波斯文化艺术的空前辉煌。

波斯人喜欢黄色和紫色。面料多为羊毛、皮革等厚质材料，以及亚麻布和东方绢，面料上常饰有精美的刺绣图案。齐膝束腰外衣和长裤是波斯的传统服装。

左图为世界现知真正意义上的外衣，衣长至足，衣袖、衣领等廓型要素完整、清晰可见。

公元前1250年的人物雕像，其服饰装饰类似于16世纪欧洲的艺术风格。上身为短式罩衫，合体度良好，胸部曲线明显；下配流线型长裙。服装外部还辅以精致的装饰：流苏、金属圆片、刺绣图案。服装整体裁剪精确，高超的缝制技巧和较强的艺术感染力令人称奇。

| 古希腊、古罗马服饰 |

　　提起古希腊，人们自然会联想到希腊的雕塑和建筑。"米洛斯的维纳斯"雕像优美、健康、充满活力，以"断臂女神"闻名遐迩，显示出自然的生命之美。希腊古典建筑庄重平稳，比例和谐。柱子是建筑的重要组成部分，古希腊柱式极具艺术性，主要有陶立克式、爱奥尼亚式、科林斯式三种，其中陶立克式给人以单纯、雄伟、刚健的印象，象征男性美，爱奥尼亚式具有轻松、柔和、静止的气质，象征女性美。这些艺术氛围和审美特色对古希腊的服装产生了一定影响。古罗马服饰则对古希腊服饰进行了继承和发展。

克里特服饰

谈到古希腊服装，得从克里特文化开始。克里特是地中海的一个岛屿，位于爱琴海南部。由地下发掘可知，克里特人崇尚娱乐，喜爱表演。

克里特女装由短袖紧身衣、锥形裙、饰花腰带、胸撑及围裙组成。裙内有铁丝作箍，或用多层衬裙使裙子形成圆锥状。

持蛇女神。身穿敞领花衬衣，双乳袒露，腰肢纤细，短袖束腰，长裙层叠，如微开之伞，称仪式服，似为宗教典礼中的祭祀之服，亦透露出当时女性地位之高。此雕像具有层次美、造型美、衬托美、装饰美、穿着美、材质美，充分表现出克里特人非凡的审美情趣。这是公元前1600年的遗物，造型却类似于17—18世纪法国宫廷贵妇的装束。

左上图所示为克里特上层女性的装束，打扮时尚优雅，发型设计精美。克里特女性善于装扮，为了进行常规的美容护理，她们会制作芳香油，并储存于罐中，以备日常使用。
中上图虽然画面有限，但是色彩丰富，红、黄、蓝尽显浓烈。
右上图所示的女性前额和颈项的卷发迷人，身穿袒胸锦服，神态雍容华贵，似17—18世纪的巴黎女郎。

左上图中的青年国王形象如真人般大小，身穿马蹄形短裙，在身后自然下垂。腰系饰有浮纹边的特制宽皮带，类似女子束腰。头戴以百合花和孔雀翎毛编成的王冠。长发披散，为斯皮拉（Spira）古典发型，脖上饰有百合花形项链。现藏于伊拉克利翁考古学美术馆。

右上图所示为当时的征战场景。资料显示，古希腊时期征战频繁，战车、器械和护身装备等很受重视。王者头盔用野猪獠牙装饰，战士身穿青铜盔甲或皮革甲胄；盾牌有牛皮、青铜等不同材质。作战时王者和贵族乘车，士兵步行，乐队高奏奋进曲，气势昂扬。

右下图所示为迈锡尼国王的黄金面具，可以反映出当时的工艺水平之高超。

克里特服装的发展源于经济的发达。《荷马史诗》描写过克里特的富庶繁华："在酒绿色的海中央，美丽又富裕，居民稠密，九十个城市林立在岛上……"克里特位于欧、亚、非三洲的交界处，航海业发达，贸易往来频繁，促进了服装造型的新颖和款式的丰富。

古希腊服饰

　　古希腊文明与大海结缘，人们居住在众多岛屿和海边狭窄地域。爱琴文明经历克里特和迈锡尼时代后，进入荷马时代（公元前 11 世纪至公元前 9 世纪）。以斯巴达和雅典为代表的奴隶制城邦建立于公元前 8 世纪，古希腊进入早期文化时代，也称古风时代（至公元前 6 世纪）。公元前 5 世纪至公元前 4 世纪中叶为古典时代，文化达到鼎盛期。公元前 4 世纪至公元前 2 世纪为希腊化时代。公元前 146 年，古希腊被古罗马征服。

　　古希腊服装多以一块长方形布披挂和缠裹身体，不经缝制而成衣。样式较多，总体可分为基同（Chiton）和希玛申（Himation）两种。

基同

　　基同根据穿着形态又可分为多利安式和爱尔尼亚式两种。

左图所示为多利安式基同，为同类中最简单的一种样式。因受同名建筑风格影响及当地人的穿着而得名，又名佩普洛斯（Peplos）。

下图所示的爱尔尼亚式基同贯穿整个希腊历史。该服装是由一块长方形面料由上而下垂及脚面，从而形成许多自然褶皱。款式为短袖束腰，袖管是由前后衣片于臂部以扣针固定而成的。

根据记载，多利安式基同的扣针十分尖锐，在发生争执时可以作为凶器，置人于死地，因而被下令禁止使用，爱尔尼亚式基同取而代之，成为主要着装样式。

希玛申

希玛申是以披、裹、缠、包等手法，穿着在基同外的衣装，也泛指矩形毛织物。

悬垂性是古希腊服装的一个重要特点。古希腊人重视自然美和人体美，注重服装的布局与造型，随意、自然而又富于变化。公元前 5 世纪石刻浮雕中妇女穿着的服装均匀下垂的衣褶体现了古希腊人追求事物的本质，注重人体自然美的精神。

希玛申的常见穿着方法是先把面料披在左肩，使前半部分垂至地面，后半部分垂至右臂腋下后，经由前胸绕回至左肩。面料四角饰有重物，使衣褶自然下垂。

生活闲适的女子穿着的希玛申用料较多，可以把遮盖左肩和手臂的面料展开，用于包缠头和手。已婚妇女和地位高的男子也是如此穿着。有的人把希玛申直接穿在裸身上，衣服内里不穿衬衣。

古罗马服饰

古罗马有千年以上的历史，曾地跨欧亚非三大洲的版图令后人惊叹。古罗马的辉煌艺术流传广泛，其中既有对古希腊艺术的模仿和复制，又有自身的发展和创造，在肖像艺术方面（指纪念性雕像）有突出贡献。雕像着重表现穿衣形象，通过衣衫加强对人体的刻画，传达人物的个性特征。古罗马进入帝国时期后，第一位皇帝盖乌斯·屋大维·奥古斯都的全身纪念像就运用了这种艺术手法。

屋大维大帝左手执权杖，右手指向前方，好像是在指挥着千军万马。有研究指出，铠甲上雕饰的图案是当时世界各国的首都，寓意罗马统帅全球。这座全身像既体现了帝王的高贵、威严和英雄气概，又通过流畅的衣衫线条衬托其神一般的伟岸身躯，因此有人称之为半人半神的形象。雕塑家成功地把人物外貌（包括服装）与个性气质融为一体，外表的刻画反映了内在的精神。

托加（Toga）

古罗马人的服装具有明显的性别意识，托加（Toga）就是男性的专属外衣，是古罗马最具代表性的服装，面料用量非常多，是值得古罗马人向世界夸耀的物品之一。托加是古罗马人的身份象征，只有拥有市民权的人才可穿着，其他人是没有资格穿托加的。

先将白色羊毛面料裁成椭圆形，长度为衣长的两倍，再将面料对折搭在肩上，然后以其裹体，形成大量自然的褶皱，可以衬托出穿着者的高贵气质。因此，托加深受哲学家、议员、文学家等人群的喜爱。根据穿着目的，托加的类型颇多。

丘尼卡（Tunica）

丘尼卡是一种内衣，由白色毛织物制成，样式为束腰、贯头、及膝，与古希腊基同相类似，其外观与希腊式不同，袖饰华丽。丘尼卡起初为伊特鲁里亚人穿着，后为古罗马人所用。

男子在丘尼卡外披裹托加，女子则外裹斯托拉（Stola）基同，这是一种短袖紧身长衣，又称爱奥尼亚外衣。

拉凯鲁纳（Lacerna）

拉凯鲁纳是一种及膝毛织物，颜色为紫色和红色，披在身上后，于右肩或胸前以完全别针固定，衣摆呈半圆形。这种样式源自西欧古尔（Gaul）的防寒披风，后因受到古罗马人喜爱而将其纳为己用，连风帽的库库鲁斯（Cucullus）和佩奴拉（Paenula）都是由拉凯鲁纳发展而成的。

左上图半身像身披莱鲁纳。

右上图所示为古罗马体育竞技活动的场景，同时也展示了女装内衣的雏形。这距今1600年的装束，与20世纪中叶问世的"比基尼泳装"相类似。研究表明，固定乳房的缠布叫"斯特罗菲吾姆"（Strophium），腰部缠饰为"帕纽"（Pague）。前者堪称现代乳罩的鼻祖，后者为现代女用三角裤的原型。

古罗马服饰以其韵律美、和谐美而对后代产生影响，与古希腊共同谱写了不朽的古代文明。

| 中世纪服饰 |

公元 395 年，罗马帝国分裂为西罗马和东罗马，后者因以古希腊移民城市拜占庭（君士坦丁堡）为都，故又称拜占庭帝国，至 1453 年被土耳其所灭。这段漫长的岁月，史学界一般称之为"中世纪"。拜占庭帝国版图横跨欧亚非三大洲，在继承和发扬古希腊、古罗马文化、东方传统文化和基督教文化的基础上，创造了独具特色的拜占庭－君士坦丁堡文化，并对世界（特别是西欧）文化艺术产生了深远的影响。中世纪服饰主要包括拜占庭帝国服饰、罗马式服饰和哥特式时期服饰。

拜占庭帝国服饰

地理位置的优势，铸就了拜占庭文化的特色，即东西方多元文化的融合。中国丝绸输入后，查士丁尼(Justinian)6世纪时创立了丝绸工业，生丝生产迅速兴起。拜占庭的经济加速繁荣，出现了绣满花纹的珍贵丝织品。

东西文化融合

上层贵族所穿的紧身长衣，讲究装饰，样式各异，丰富多彩，显得富丽堂皇。查理曼大帝的达理曼蒂大法衣就是显著的例证。

达理曼蒂大法衣，罗马圣彼得大教堂藏品。此法衣质地精良，外观华丽，是拜占庭最高超、最完美的刺绣佳品之一。至查士丁尼执政时，出现了古城底比斯、科林斯等纺织中心，引来了欧洲十字军的东侵。

画迹中的服装

意大利拉文纳（Ravenna）圣维塔列教堂的两幅"莫赛克"镶嵌壁画：《查士丁尼大帝及随从》和《皇后狄奥多拉及随从》，表现了查士丁尼大帝和皇后身穿华服手捧宝盒敬献教堂的场面，对细节刻画得颇为详尽，男女侍从的衣饰亦很精美。

画面最引人注目的地方是色彩：大块的白色、黄褐色、绛红色与小块的金色相结合，显得清晰明确。更令人惊叹的是，小块金色会随着观者位置的转换闪耀发光。即便是侍从的服装颜色也很有特点，注重色彩的互补性、层次性。如金色基调与淡紫、绛红的结合，展示了色彩由鲜艳到淡雅、由明亮到低沉的变化。这是拜占庭服饰的一大特点，即一件衣服须由多种颜色组合而成。

查士丁尼大帝头戴镶嵌宝石的王冠，内穿白色窄袖丘尼卡上衣，外披被称为"帕鲁达门托姆"（Paludamentum）的紫色大披风（一称斗篷），这是当时最有代表性的外衣。衣服上精美的方形金色纹饰被称为"塔布里昂"（Tablion），彰显了权贵身份。按照规定，皇帝和皇后的服饰都是紫色。

皇后狄奥多拉同样头戴镶嵌宝石的王冠，两侧的珍珠串饰垂坠而下；内穿绣有纵向条纹的白色丘尼卡长衣，外穿流苏装饰短袖长袍，腰系宝石镶嵌腰带；外披一件绣有"三王来朝"图案的紫色披风，金线刺绣的璎珞状肩饰镶有宝石和珍珠；脚穿红色软皮绣花鞋。整套服饰珠光宝气，环佩叮当。

罗马式服饰

在宗教意识笼罩下的西欧大陆，除拜占庭外，其他服饰实难有所改变。然而社会进程中发生的两大事件为服饰的变化带来契机：其一，民族大迁徙导致西方适体型雏形服装的出现；其二，十字军东侵带回东方的新面料、奢侈品及服装的新风格，使西方的衣食住行受到了极大的影响，即以奢华为生活追求的目标。西洋服装史由此开始。

民族大迁徙也是民族大融合的过程，罗马式艺术风格在西欧形成，与拜占庭艺术风格并行至 12 世纪。这种风格是南方型罗马风格、北方型日耳曼风格以及十字军带回的东方拜占庭风格等的融合，在雕刻、绘画、工艺品、音乐、文学和服装等方面皆有体现。罗马式风格的服装，是古代宽衣样式向近代窄衣样式过渡、徘徊的历史阶段。男女服装同形，不显体形；面纱自头而下，把自己全部包裹起来。除裤子以外，服装几乎没有性别差异。

罗马式服饰发展到后期，女装收紧腰身，初显曲线。代表服装有内衣鲜兹（Chainse）、外衣布里奥（Bliaut），样式都是长筒形。服装已出现性别差异。

哥特式服饰

　　公元 476 年，西罗马帝国因奴隶起义和日耳曼人入侵而灭亡，欧洲奴隶制社会就此终结，封建社会由此开启。日耳曼人成为欧洲历史舞台上的主角。

哥特式建筑

　　"哥特"一词，源自东日耳曼部落的哥特族（Goth）。这种艺术风格发祥于北法兰西，普及至整个欧洲，影响了绘画、雕刻、建筑、音乐和文学等艺术样式。夸张、不对称的结构，奇特、轻盈、复杂和多装饰的特点，频繁运用的纵向延伸的线条、反复出现的垂直线和锐角，尖形拱券、尖塔、轻盈通透的飞扶壁、修长的立柱或簇柱等，是哥特式建筑的组成部分和共同特征，从而使其有别于罗马希腊建筑，成为在国际上具有广泛影响力的艺术样式。至 12 世纪末，法国兴起的尖顶高耸的哥特式教堂，很快取代罗马式建筑结构，风靡西欧。哥特式教堂的特点是：外观巍峨、豪放，以向上延伸的纵向线条造成向空间推移的视觉效果；内部空旷、肃穆，长窗上镶满彩色玻璃，步入其间，易感受浓厚的宗教氛围。从内部和外观上都给人以一种虚无缥缈、神秘莫测、至高无上的感觉。

耸立于法国巴黎城市中心的巴黎圣母院堪称哥特式建筑的代表。建筑两边各有一座高高的钟楼，下面通过横向券廊相连；正面有三座大门，通过层层后退的尖形拱券形成透视效果，券面布满浮雕；正门上方有一个雕刻精巧华丽的大圆窗，称为玫瑰窗。

哥特式服装

黑格尔曾说服装是"流动的建筑"，甚至称其为"贴身的建筑"。哥特式服装中的各种锐角三角形，好似哥特式建筑伸向高空的塔尖。

以巴黎圣母院为标志的哥特式建筑风格，很快从法国影响到整个欧洲，受此影响，服装造型也以尖顶和纵向直线为主，甚至鞋、帽、头巾等都以尖角形状显示穿着者的体态修长。典型的哥特式服装为高冠、尖头鞋，衣襟下端多为尖角或锯齿等锐角形状，与教堂尖塔以及绚丽多彩的玻璃长窗所体现的艺术风格相呼应。

省道的出现标志着由古代的二维平面构成的宽衣文化，或称古典式、东方式的"直线裁剪"，正朝着近代的三维立体构成的窄衣基型迈进。东方与西方服装的构成形式和观念形态就此彻底分道扬镳。

图中服饰不仅充分显示哥特式服装的特征，而且透露出服装发展变化的信息：省道出现了。这是13世纪裁剪方法的新突破，是从前、后、侧多个面去掉因胸腰差而产生的多余衣料，在腰部形成许多棱形空间，即现代衣服的省道。衣片中出现了之前未曾有过的侧面结构，通过立体化的裁剪方式展现出人体的曲线美。长裙因圆摆中插入三角面料而形成长褶，与侧面衣片分割线连成纵向线条，与哥特式建筑向上延伸的线条感觉一脉相承。

哥特式服饰品

帽与鞋是最具特色的哥特式服饰品。帽子形式多样，其中以"艾斯科菲恩"（Escoffion）和"汉宁帽"（Hennin）最为典型。汉宁帽是圆锥形的高帽子，是哥特式尖塔元素运用在服饰中的反映，如上图所示。

艾斯科菲恩帽的样式是先在头上横向张开的两个发结上罩网，网外套有金属丝折成的骨架，其造型还有U形和蝴蝶形，再披上褶纱并使其自然下垂，将女性脸庞衬托得更为妩媚动人。还有一种叫作"夏普仑"的男帽，帽尖呈细而长的管状，披在肩上或垂于脑后，最长可达地面。

　　哥特时期，男女都喜欢穿窄而尖的软皮鞋。鞋子以尖为美，以长为高贵。

男子鞋尖长度有严格的等级规定。王族的鞋尖长度为脚长的2.5倍，高级贵族为2倍，骑士为1.5倍，富商为1倍，平民鞋尖长度仅为脚长的1/2。鞋尖装有鲸须和其他填充物，使脚尖得以挺起，再用铁丝加固，并用金链束于膝部，以利行走。至14世纪，鞋尖最长可达1米左右。此种格调的风行，也是受到哥特式建筑风格的影响（中图）。

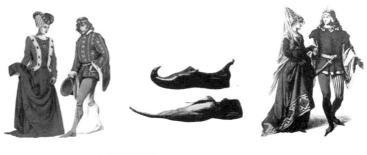

丰富多彩的饰物是哥特式服饰必不可少的装饰品。

| 文艺复兴时期的服饰 |

　　进入 14 世纪，在人文主义思想的启迪和感召下，一场复兴希腊、罗马古典文化的思想文化运动在意大利各地兴起，并迅速扩展到西欧乃至欧洲各国，从而使封闭、板滞的中世纪人性得到了复苏，并在穿着方面有所体现。尽管哥特式建筑的艺术风格仍对服装样式具有一定的影响力，但却开始散发出人性的光辉，使这一时期的服饰颇具倜傥之态。

14世纪服饰

男装

14世纪中叶，男装趋向二部式发展。

普尔波万（Pourpoint），意为"纻缝的衣服"，源自法国古语 pourpoindre。纻缝是指在两层布中间夹入填充物，通过缝制均匀分布的线迹固定填充物。普尔波万原为士兵服，初时衣长至膝部，后缩短至腰或臀部，衣服非常紧身，袖子亦很窄。普尔波万逐渐成为欧洲男装的流行样式，一直延续到17世纪中叶的路易14时代。普尔波万用料奢华，常用天鹅绒、织锦、丝绸和高档毛织物等面料。

肖斯（Chausses）是中世纪男女通用的下衣，用细带与普尔波万下摆或内衣下摆连在一起，形成合体长筒袜。其脚部形状，或保持袜子状，脚底用皮革做底；或改裤装，长至脚踝或至脚踵。用料以丝绸、薄毛织物、细棉布等居多，且左右裤管往往颜色不同，似受哥特建筑风格的影响。

流行军服式上衣——普尔波万与肖斯的组合，逐步取代一体式筒形样式，男女装的造型区分和性别差异，就此得以确定。

女装

萨科特(Surcote)是一种罩在科塔尔迪外面的无袖长袍，为14世纪女装典范。虽形似13世纪盛行的希克拉斯，但其造型、色彩、花纹更为讲究和精致。袖窿挖得更深，且前片深过后片，可以露出里面的科塔尔迪及装饰在臀围线附近的精致华美的腰带。萨科特的颜色通常以鲜艳的单色为主，设计制作时须兼顾其表、里面料与色彩的搭配，考虑其与科塔尔迪的色彩调和。需要指出的是，萨科特的前门襟装饰有一排扣子，贵族的扣子常用金属和宝石制成。穿着后，萨科特的门襟扣与科塔尔迪腰带上的宝石以及袖口上的排扣相互呼应，夺人眼目。

家徽图案

十字军东侵时，人们习惯于把家徽图案绣、刻于军旗、军装、剑盾、马鞍、帐篷及日常器物上。至14世纪，这种家徽就成了所属家族的标志和身份的象征。普通市民和农民也用各自的家徽图案作为装饰，家徽成为14世纪欧洲盛行的服装饰物。家徽图案一般表现在盾形平面中，题材以动、植物为主，鹰与狮子图案最为常见，也有日、月、星辰与人物图案。已婚女子通常要把娘家和婆家的家徽分别装饰在衣服的左右两侧，门第高的家族家徽通常放在左侧。儿童服装使用父族家徽（下图）。

15世纪意大利风格服饰

14 世纪初，西欧虽然还时兴哥特式服装，但佛罗伦萨的艺术家在实力雄厚的美第奇（Medici）家族的支持和庇护下，已开始对古罗马艺术进行研究，尝试有关人性内容的艺术创作。宫廷建筑中大量哥特式的典型形象被取代，并迅速在佛罗伦萨人的衣着上得到响应，从而有别于同时期欧洲人的

服饰。意大利纺织业的发达，不仅使高贵、奢华的面料满足了贵族们的穿着需要，而且在裁剪和款式方面也有所突破。

新式衣装裁剪精良，衣装合体，可以体现穿着者优雅高贵的气质。裁剪时预留不加缝合之处，意在得窥白色亚麻内衣，以强化装饰效果，也符合人体运动的需求。

男子服饰

普尔波万长及臀下，腰间系腰带，领式多样，有圆领、鸡心领、立领等式。后受西班牙式风格服饰的影响，趋向高立领，修米兹也随之增高，袖子趋于肥大，手腕部有褶饰。衣身向横宽发展，后又收敛。紧身肖斯为着装特点，在户外时加穿长及臀部或膝盖的大翻领嘎翁（Gown，一种大袍子）和曼特，在胳膊处饰有假袖，曼特常以毛边为饰。下装盛行贴身筒袜加短袜，或短裤加长筒袜，当时流行穿半长靴。

图中男子着装为普尔波万和肖斯的组合，内搭白色亚麻布修米兹内衣。

女子服饰

罗布（Robe）是女子典型服饰，是一种腰部接缝的连衣裙，采用高腰造型，裙长曳地。领口开得较大且领形较多，有方形、V字形、一字形等。窄袖贴身，扎成一节一节的，如同藕节形状。

图中所示为上下装分离的裁剪方式，既出现上衣、下裙的明显界限，还可以看到整件衣装的若干基本部分的构想，即根据人体结构分解，进行独立裁剪和制作。这一变化开启了廓型变化丰富多样的女装新时期。

鞋帽饰品

为了强化裙装拉伸身体线条的视觉效果，裙子越来越肥而长，这一名为乔品（Chopine）的高底鞋也在威尼斯得以问世。该鞋款木跟皮面，形似拖鞋，鞋跟高20~25，甚至可达30cm。穿着时，需有侍女在侧扶持。后因穿着乔品骑马非常不便，逐渐被其他类型的高跟鞋所替代。

帽子是成年男女出席礼仪场合必不可缺的饰品。无檐帽的款式比较盛行，女帽比男帽装饰更多。贵妇外出时还需戴上透明面纱，另有以珠宝、缎带装饰精致奢华的手套相配。

16世纪德意志、西班牙风格服饰

　　16 世纪，兴起于意大利的文艺复兴运动逐渐传播到法国、西班牙、德国和英国，揭开了欧洲近代史的序幕。人文主义精神在科学、宗教、文学、艺术和教育等诸多领域得到了进一步的发扬，服饰方面以德意志风格和西班牙风格为主。

德意志风格时代（1510—1550年）

斯拉修（Slash）装饰是德意志风格服饰的主要特色，原为裂口、剪口之意，是一种对衣服的肩、胸、背、裤腿等处进行装饰处理的手法，流行西欧直至17世纪。具体做法是在外衣相关部位有规则地剪（或切、割）开几个相互平行的横、竖、斜向的口子，并按等份用绳、纽扣等系结，从而将裂口分成若干段，有些裂口两端还嵌入宝石、珍珠等作为装饰。

　　据说，这种装饰手法的产生与军服有关。远征南锡打败勃艮第公爵查理的瑞士雇佣军，见敌营遗弃的丝织品高贵华丽，就将其撕成条来缝补自己破烂不堪的军服，与原来着装的质地、颜色、面料等形成有趣的对比，以致引起德兵的兴趣，也把自身衣服剪成切口状，露出异色里子或白色内衣，这样的装饰效果被大家所接受并成为一种流行。另有一说，冷兵器时代，征战双方刀剑的划痕是勇武的显示。

男子服饰

图中男子上衣为道伯利特（Doublet，普尔波万的英语称呼），饰有普利兹褶，款式为高立领（内衣领通常也是立领），领口饰细小褶花边；外穿的无袖茄肯（Jerkin，夹克Jacket的语源）也可穿在内衣外。最外面穿夏吾贝（Schaub，曼特的英语称呼），这是当时男子主要的外穿上衣，衣长至膝，有些长至脚踝；衣身和袖子宽松，有袖、无袖皆可；领面、袖口和下摆常常露出裘皮作为装饰。

前页右下图还显示，男子下装已有改变，紧身筒袜外穿上了膨胀起来的短裤"布里齐兹"（Breeches）。这种短裤有两种样式，一种形似灯笼，里面有填充物，有些膨胀到小孩的头一般大小；另一种为长至膝部的紧身裤，用一块被称作"科多佩斯"（Codpiece）的楔形布作为饰物挡住裆部。有些科多佩斯夸张地做成袋状挂在两腿中间，赤裸裸地表现男子的第一性征；有些饰有斯拉修，从裂口中露出薄薄的白丝绸；还有些饰有精美的花纹刺绣、镶嵌宝石和珍珠等饰物。这是 16 世纪欧洲男子的普遍装扮形式。

女子服饰

德国女装初期模仿意大利女装，多为方形低领口，露出脖子和胸口，披着一种名为科拉（Koller）的立领小披肩。

女装逐渐演变成高领，科拉变为有碎褶的小领饰，这些也是大褶饰领以及拉夫领的萌芽。袖子随领口变小而开始收窄，上有斯拉修装饰。裙子是那个时代女性的主要性别象征。如图所示，以高腰设计突出裙形肥大，裙子上饰有大量的普利兹褶，外罩围裙，其上再饰普利兹褶。整体造型为窄肩、细腰、丰臀，衬托出服装重心在下部，臀部的宽大与细腰形成对比。为使裙子膨大，里面衬有几层亚麻内裙。裙子常用色彩各异的厚质面料制成，除了普利兹褶外，还饰有刺绣花边和丝绒边。

鞋帽等饰品

德国男女都戴宽檐大帽。男帽里常衬一顶软帽，女帽上多饰有羽毛、宝石等物，还有典型的斯拉修装饰。左下图中的鞋已不同于哥特式尖头鞋，而是向横宽发展，鞋子的宽度超过脚的实际宽度很多，同样具有斯拉修装饰。

男子腰佩匕首和短剑，剑鞘装饰华丽，是男子身份的象征。

西班牙风格时代（1550—1620年）

西班牙凭借无敌舰队的实力发现美洲大陆，通过大量的海上贸易和对殖民地的掠夺，在政治、经济、文化等方面，成为当时国力十分强盛的国家。国力的强盛也体现在服装领域。西班牙国王向欧洲各国强行推广西班牙服装，法、英、德等国家受其影响明显。男装特征为轮状皱领和使用填充物，女装特色则是紧身胸衣和裙撑，这种紧身胸衣和裙撑的组合样式影响欧洲近400年的女装发展。

男子服饰

男装的胸、腹、肩、袖等部位均塞入大量填充物，以强化塑形效果，造型夸张，尽显男子阳刚之气。

男装袖子有三种形式：第一种名为"帕夫·斯里布"（Puff sleeve，泡泡袖），是在袖山处塞入填充物，使上臂部位膨胀；第二种名为"基哥"袖（Gigot，羊腿袖），也是在袖山处塞入填充物使袖山肥大，但袖身从袖山以下到袖口逐渐变细；第三种名为"比拉哥斯里布"（Virago sleeve，莲藕袖），袖身如藕节形状，在意大利风格服饰中曾出现过这种形式。

　　当然，填充物使用过多极大地妨碍了人体的运动，这是当时着装审美标准忽略人的本质形态的一种表现。斗牛装是斗牛士的专用服装，也是男装中的典型款式。

女子服饰

　　女子拉夫领（Ruff）是一种独具特色的装饰性部件，样式为白色皱褶花边，轮状造型，高立于衣服之外。拉夫领可以单独制作，可以脱卸，萌芽于德意志风格时代，一直流行到 17 世纪。由于拉夫领过于宽大，且又硬又厚，人们不得不在衣领下面用铁丝加以支撑。戴上这样的拉夫领，头部难以自由活动，吃饭时很不方便，因此出现了颌下有三角形空间的拉夫领。

西班牙女装的封闭式拉夫领。

　　16 世纪下半叶，西班牙贵族创造了吊钟形或圆锥形的裙撑，名为"法勒盖尔"（Farthingale）。这种裙撑是在亚麻布上缝入好几段鲸鱼须制成的龙骨，有时也用藤条、棕榈或金属丝制作龙骨。穿衣时要先穿上法勒盖尔，然后再套上裙子。裙撑使裙子的造型显得格外优雅、华丽，因此很快传遍整个欧洲大陆，法国、英国的贵妇们争相模仿，裙撑迅速盛行起来，成为女子不

英国人将裙撑做成椭圆筒形，把裙子向左右两边撑开，前后较扁。

可缺少的整形用内衣。各国在模仿的过程中也对裙撑做了各种各样的改进。

与西班牙式、英式裙撑相比，法式裙撑便于骑马等活动，深受时尚的女子喜欢。

圆锥形裙撑。

法式裙撑更像轮状环形填充物，围绕腰腹臀部，两端以绳带系结固定。罩上外裙后，裙子下摆会被撑起，显得圆满，造型较为夸张。

装饰与饰品

为了掩盖体味，欧洲的香水业得到大力开发，化妆品工业发展迅速，西班牙风格时代的化妆品和香水使用也非常普遍。

这一时代的女子喜爱烫发，左上图中女子的发式是当时最为流行的圣母发型。男子的发型也时兴烫成波浪卷。

此时的男女都放弃了哥特式长尖头鞋，改穿宽肥方头、圆尖头型、小方头型的鞋。至16世纪下半叶，左下图中的高跟鞋取代了意大利风格的乔品高底鞋。

从左图中可以一窥西班牙贵族的装饰之盛：全身上下镶嵌各色珍珠，数量竟高达数百颗，项链、面纱、拉夫领、外套、裙和鞋，无一不奢华精美。

　　16 世纪末，西班牙的无敌舰队在遭受一次暴风袭击之后，又与英国舰队相遇，遂于 1588 年被击溃。从此，西班牙在欧洲的地位一落千丈。荷兰和法国得以取而代之，主导了 17 世纪服饰的发展，特别是法国，始终保持着领先优势。巴洛克艺术风格亦助力服装行业的空前发展。

巴洛克服饰

巴洛克一词源于葡萄牙语 Baroco 或西班牙语 Barrueco，原义是形状不规整的珍珠。作为一种艺术形式，与 16 世纪的罗马建筑有关，后来逐渐影响文艺领域，在意大利、法国、德意志等国都取得了长足的发展。这种艺术不拘泥于典型（古典）美，表现比较自由。如果把文艺复兴的美学观比作浑圆的珍珠，那么巴洛克的美学观就是形状不规整的珍珠，它是打破形式匀整的一种艺术表现手法，在情感上比前者的形式更丰富，在艺术上更有起伏感。对当时的服装界来说，这种艺术形式所产生的美学效果无疑是一种强有力的催化剂。巴洛克风格的服装色彩艳丽、曲线优美，是物质与精神、材料与艺术的有机融合，富有动感，堪称独一无二。

17世纪艺术特点

作为 17 世纪主要的艺术流派，巴洛克风格源于建筑，具有规模宏大、充满动感、装饰奢华、雄健有力的特征。其色彩艳丽、富丽堂皇的风格，在欧洲宫廷得到了最大体现。法国的卢森堡宫、英国的圣保罗大教堂等，都是典型的巴洛克风格的建筑。

凡尔赛宫堪称巴洛克风格的代表。建筑气势宏大，装饰富丽堂皇，线条繁复夸张、富于动感，具有浓郁的浪漫主义色彩。艺术家们崇尚变化，追求与众不同，充分发挥想象力，从建筑到服装，到处是华丽的曲线、强烈的装饰效果，体现了这一时期艺术上的主要特点。

巴洛克风格服装

　　受巴洛克艺术的影响，巴洛克服装廓型多呈曲线。

图中展示的巴洛克风格男装大量使用纽扣、丝带、蕾丝、蝴蝶结等华丽的装饰元素。这一时期男装的妩媚是史上绝无仅有的。服装的整体感强，线条变得更为自然、松弛、流畅，打破了文艺复兴时期的僵硬之感；加上兽纹、花卉、镶嵌等繁复、精美图案的点缀，服饰进入一个新的时期。

　　巴洛克服装的发展经历了荷兰风时代和法国风时代两个历史阶段。

荷兰风时期（1620—1650年）服饰

　　16 世纪末，尼德兰在反抗西班牙统治的民族解放战争中获得胜利，南方几省看似独立，上层人物却仍与西班牙保持着密切关系；北方七省则完全摆脱了西班牙，成立了联省共和国。因为荷兰土地最多，且经济收入占七省总收入的 75%，故称荷兰共和国。荷兰是世界上第一个资本主义国家，依靠毛纺织业以及与东方的贸易往来而富强起来，中产阶级大批兴起，荷兰风也主导了 17 世纪前期的服装发展。

男装

　　17 世纪前 20 年，男装仍延续着 16 世纪末的特征，由衬衣、紧身上衣、夹克、宽松短罩裤与及膝短裤等构成。至荷兰风时期，服装整体造型变得宽松，线条更为柔和，两性区别明显的造型被统一的宽松外形所取代。领口、袖口和裤脚口等部位开始大量使用丝带和花边作为装饰，不再使用文艺复兴时期盛行的金、银、珠宝装饰。

普尔波万

紧身上衣普尔波万的填充物和衬垫已被取消，人体自然比例得以恢复。立领较前期已经缩小，上衣肩斜变大，发展为溜肩。前襟上纽扣密集，上衣变长、盖住臀部，上衣腰线上移并且更多地出现收腰。腰节下半部打开或为波浪状下摆，除与上衣分裁之外，边缘也不缝合，穿着时用带或扣将腰部与上衣相连。服装左右前襟和两袖上臂处有很长的竖切口，可以从开缝中看见里面的衬衣。

图中展示了穿着在普尔波万里面的衬衣。衬衣多用柔软、轻薄的浅色亚麻或丝绸制作；用蕾丝制作的"拉巴"（Rabat）领代替了轮状的拉夫领，俗称大翻领；漏斗状蕾丝袖克夫则与拉巴领相呼应。拉夫领是男装的主要领型，颇受男士的欢迎。

17世纪初期，裤装保留了南瓜裤造型。1630年出现了紧身半截裤，用丝带或吊袜带扎口，有时垂以缎带，有时系扎蝴蝶结，整体裤形接近今天的萝卜裤。1640年，西洋服装史上首次出现了长及腿肚的筒形长裤，踝部饰缎带或花边，是现代男士长裤的鼻祖。

服饰

男子戴着时兴的呢绒或毡制的浅顶宽檐软帽，帽檐一侧向上翻卷，饰有长而柔软的羽毛。

大多数男子留长卷发，后又流行戴假发，讲究络腮胡子的修理，嘴唇上留八字胡或山羊胡，胡子下端修剪成尖状。

荷兰风时期造型。

女装

17 世纪早期，女装仍流行轮状裙撑。30 年代后期，欧洲大部分国家都以一种全新的女装造型替代了它，即荷兰风时期造型。

服装

荷兰风时期的女装特点：妨碍身体活动的裙撑不见了，衣裙松垂、多褶、曳长，外形柔和、平缓、大方，富有浪漫气息；"拉夫领"变成发散式，类似现代的披肩领；领线很低，造型不一；腰线上移，更显女性的自然妩媚。裙子一共有三层，分别是衬裙、内裙和外裙；三层裙子的颜色不同，内裙的色彩明度比外裙更高。

外裙上部的紧身内衣用鲸鱼骨制成，也称三角胸衣，虽然僵硬，但能保持挺括。穿着时，常把外裙拽起，系于臀部周围，使臀部产生丰满的视觉效果。面料多为轻薄织物，以利于提裙等动作。

服饰

发式趋于自然，饰刘海，耳鬓留蓬松卷发。可戴男式宽檐帽或扎头巾。这一时期的女性喜欢手持羽毛或绢制成的精美扇子，但很少佩戴首饰。鞋式与男子相似，为鞋帮深浅不同的高跟皮鞋。雨天则穿着木底鞋，鞋头处有鞋帽，在脚背系带，没有鞋跟，可保护鞋子不沾到湿的地面。

荷兰风时期的女性服饰。

路易十四与法国风时期（1650—1715年）服饰

17世纪中叶，制造业生产方式的普及使得荷兰逐渐失去欧洲商业中心的地位，被波旁王朝专制下兴盛起来的法国所取代。从路易十三时代起，实行抵制进口货、扶持和发展本国工业的经济政策，使国力得到发展。路易十四亲政以后（1661—1715年），在政治、经济、军事等方面，法国都取得了长足的发展。

在艺术上，路易十四鼓励创作。在权贵和名流的追捧下，大兴土木修建而成的凡尔赛宫象征着路易十四统治时期的荣耀和威望，成为全欧洲的社交中心，令人羡慕。

作为君王，路易十四对服装怀有极其浓厚的兴趣，经常亲自过问、设计、制作服装，有时还发表评论。

这表明，法国服装的领先地位源于路易十四的直接倡导。可以说，在巴洛克建筑样式的熏陶下，法国风格影响了整个欧洲的衣、食、住、行。

男装

缎带装饰盛行，服装上使用更多的排扣和蝴蝶结装饰，风格趋于华丽，巴洛克风格明显。到路易十四时期，出现一种新的浮华，服装向着更加豪华、艳丽的方向发展。

服装

17世纪60年代，衬衫越来越肥大，装饰繁复。普尔波万演变为短袖或无袖，衣长及腰或更短。

小立领，衣襟前饰密集排扣，只扣上一半，露出里面华丽的衬衫，充分展示衬衣上重叠的褶裥，有种自然、流动、闪烁不定的生动观感。领口和袖克夫上的装饰很醒目。颜色深沉的上衣或坎肩搭配肥大、柔软的浅色衬衫，显得层次丰富，在色彩上形成鲜明的对比。

17 世纪 80 年代左右，出现了一种更为合体的长外套，名为"贾斯特克"（Justaucorps）。

贾斯特克是一种无领外套，衣长及膝，与当时的裤长接近。衣身细长，曲线优雅，腰身合体，下摆宽肥。衣身两侧下摆处有数个集中在一起的褶裥，边缘呈扇状展开。后摆中缝开衩，便于骑马。门襟一排纽扣，上饰金缠丝绸纽扣。袖子越接近袖口越大，到袖口向上翻折成袖克夫，与喇叭形下摆呼应（右中图）。

17世纪中叶，出现一种与现代女裙裤相似的男裤，如右下图所示。裤为半截，长度刚好过膝，裁剪宽松，类似短裙。腰围处饰很多碎褶，裤脚外侧钉一排三扣。裤腰前腹、裤腿两侧和裤脚边缘，皆可见镶有缎带制作而成的花结和饰带圈，这是当时的流行时尚。

服饰

剃发、戴假发套是这个时期男士发型的最大特点。这当然和路易十四的影响有关。假发制作精良，卷曲精致。贵族男子还会在假发上撒大量的香粉和金粉，象征其尊贵的身份。起初，假发套为中分下垂发卷；17 世纪 70 年代，变成了巨大的螺旋发卷，挂在脖子、胸前和后背；17 世纪后期，假发套越来越大，堆在头顶上，不再是为了掩饰稀少的发量，而是成了时尚必需品。

女装

这一时期的女装，以大量的褶皱、花边、缎带、刺绣等作为装饰，显示女士特有的性别魅力，强调曲线流动的变化美。

服装

这一时期的裙装讲究细腰丰臀。由于层数增多，裙子整体变得很重，不得不借助鲸须、金属丝等物来支撑。发展至后期，裙装的臀部越来越膨大，只得使用一种叫作"克尤·德·巴黎"的臀垫，使后臀翘起来；拖裙越来越长，甚至出现长达 5~10 米的拖裙，以至于不得不由侍童在后面提着前行。这是西洋服装史上第一次出现夸张臀部的样式。

图中女子身穿裙装。胸衣的前后底边设计成尖角状，使腰部在视觉上呈 V 字形，胸衣裸露在外面的部分装饰奢华。领口深挖，领线呈水平直线形或微微弯曲，胸部几乎完全袒露出来，领边饰有宽边蕾丝。装袖位置很低，袖子在肩下完全张开，一直到肘部。裙分内外两层，里层为内裙，从外裙开口处可见里裙的绣花、褶饰、褶边及其他边饰；外裙从前身打开，并在后面膨松地收拢，经复杂的卷缠后，形成一个被称为"巴斯尔式"的很长的后拖裙，展现女性魅力，有的外裙还用花结或者扣饰系扎，非常气派。

服饰

女性流行高发髻，发式多样，蝴蝶结取代花朵，成为女性最爱的装饰品。

17 世纪是花边、缎带、长发和皮革流行的时代。法国把巴洛克艺术风格成功地运用到日常生活的各个方面，影响了 17 世纪欧洲的服装样式，使之充满了自由的气氛和活力，装饰丰富、装束奇异，并带有典型的宫廷味道。

图中女子的发髻造型奇特，被称为"芳丹髻"，据说是以路易十四的情妇来命名的。这种发型是在真发上堆叠假发，其上再加3~4层蕾丝，形成高高耸起的造型。脑后戴蕾丝头巾，装饰缎带和蝴蝶结。这种发型流行近30年时间。齐肘长手套是大多数女性的必需品，天气寒冷时，她们还会戴上皮草手筒，如右图所示。至于阳伞、戒指、耳环、胸针等，也是女性必备的服饰用品。当时热衷穿高跟鞋，与荷兰风时期相比，鞋头更尖，鞋跟更高。

　　18 世纪，思想领域内的启蒙运动是继文艺复兴之后另一次更广泛、更深刻的反封建、反教会资产阶级思想文化运动，它为法国 1789 年的大革命作了舆论准备。在艺术上，"洛可可"风格的诞生与中国工艺美术的流行，促使当时的艺术愈趋精巧，这种以纤巧、浮华、繁琐著称于世的艺术风格对服装的影响甚大，产生了大量丝带、羽毛、花边装饰。

时尚女神蓬帕杜

路易十五的情人蓬帕杜（Marquise de Pomadour）夫人左右了这个时代的服装样式。

图为蓬帕杜的肖像。所穿的服装为罩衣与衬裙的组合，面料轻薄如纱，有飘动之态。从细部看，各种装饰反映出时代特色。三角胸衣一改以往的平褶形式，饰有凹凸相间的图案，使当时追逐时尚的女性竞相仿效。袖口的合身设计、精工细作令人称奇，袖子上的装饰更不一般，以多层细丝褶边取代了带翼的袖饰，上镶穗状金属饰边和色彩艳丽的透孔丝边，肘部还饰一圈蓬松的彩带。这种繁复、重叠的装饰，无疑是受到了洛可可艺术风格的影响。至于她的发型，后世追随者也特别多。到了20世纪，仍有名士淑女以她的名字命名她的发式，甚至连一种印花平纹绸也冠以她的名字。

蓬帕杜便服

蓬帕杜夫人在服装穿着和审美上的天赋不容置疑。她亲自设计的一款蕾丝饰边时尚夏装被命名为"蓬帕杜式便服"（Pompadour Beckham），蓬帕杜穿着它出席沙龙、舞会等场合，引得无数名媛贵妇争相仿制。这种款式流行了整整半个世纪之久，在路易十六的宫廷中依然盛行。

蓬帕杜式便服以袖管形式特殊而著称，王后玛丽·安托瓦内特（Marie Antoinette）也是蓬帕杜便服的拥趸者。这款裙装的袖长至肘弯处，以缎带蝴蝶结装饰，蕾丝花边层叠，犹如花瓣盛开，极富层次感。王后所穿的丝质长袍质量上乘，宽松柔软，行走间飘然欲动，宛如仙女下凡。洛可可风格的服装艺术在此得到完美体现。

法国洛可可男装

　　此时男装的造型与装饰也体现了洛可可艺术风格，袖口、兜盖和外衣前襟镶有毛皮、缎带、纹绣、饰扣、饰带等饰物。直到法国大革命时期，服装才摒弃了这种繁琐的装饰，趋于便利、实用。17 世纪形成的三件套装，即背心、外套、紧身马裤，18 世纪在款式、造型上逐渐向近代男装转变，搭配胸部饰有褶边、袖口饰有荷叶边的白色衬衫和长筒袜，成为洛可可风格的典型男装。

18世纪男装三件套

　　洛可可风格初期，法国男装的基本样式是阿比、贝斯特（Waistcoat）和克尤罗特（Culottes）三件套。进入 18 世纪，法国人将紧身外套贾斯特克改称"阿比"，样式为收腰，下摆向外呈波浪状，并在衣摆里加入马尾衬和硬麻布或鲸须，强化造型，增加臀部的扩张效果。

这个时期的男子穿紧身外套阿比，袖口露出衬衫的蕾丝或细布飞边褶饰。阿比以立领或无领居多，衣领装饰华丽，花饰颇多。门襟饰有工艺讲究的排扣，纽扣的大小、造型以及图案千变万化；纽扣材质多为宝石，有的扣饰之贵重甚至超过服装。衣服上遍布刺绣、金饰和穗带，袖口、兜盖和外衣前襟用金银线、毛皮等装饰。引人注目的色彩、奢华无比的面料、花卉主题的装饰等，共同构成法国大革命前上流社会时髦男子洛可可风格服装的特点。

1715年以后，阿比趋于朴素，里面的背心贝斯特却趋于奢华，用料有织锦、丝绸以及毛织物。衣长一般短于阿比5厘米左右，除无袖外，造型基本与阿比相同。右下图中的贝斯特上面有金线或金缏子的刺绣，非常华丽。

18世纪二三十年代男装长背心的面料多为
白色亚麻布或白棉布，手工彩线刺绣，时
尚、细腻、自然。18世纪60年代的男装也
注重袖口、袋口的装饰，右图所示为刺绣图
案的局部特写。在法院或其他隆重场合穿着
的男装，可以看到从翻折的白色绸缎衬里袖
口露出的丰富刺绣细节。

18世纪中叶的男装变革

　　18世纪中叶，男装受资产阶级生活方式的影响，开始步入变革时代。
风格走向简约，从持续几十年的流行款式中去掉繁琐的装饰、褶皱、余量
等，追求实用性，讲究衣装的自然形态。

18世纪末简约风格男装概貌：双排扣、大翻领；领带蝴蝶结位于衬衣上方；没有褶边
的衬衣；马裤一直延伸到靴筒内。其中有一款源自英国骑马服装的新式礼服大衣"鲁
丹过特"（Redingote），也称法式制服。大衣的样式为后背中心至腰线以下开衩，
袖管笔直，下摆及膝，用亚麻布或马尾衬制作衬里，与马裤配套穿着。至路易十六
时，衣身逐渐变得窄小优雅，成为19世纪时的礼服。

洛可可风格女装

　　洛可可风格之所以能够在欧洲女装史中，将柔媚的艺术形式表现到极致，蕾丝是一个重要因素。蕾丝与缎带、荷叶边、蝴蝶结、花饰、刺绣、褶皱等装饰造就了欧洲经典女装的艺术风格。

蓬帕杜夫人与性感蕾丝

　　蕾丝是一种镂空的网眼花边织物，通常织有图案。18 世纪时，常用蕾丝装饰女装，以期达到轻盈纤细的效果。贵族们大量使用蕾丝作为装饰，使自己的衣饰更华美，试图博取国王的青睐。法国阿朗松针绣蕾丝始于路易十四时期，是欧洲最负盛名的蕾丝之一，以质地柔软、图案秀美而著称，专供法国宫廷和上流社会所用，普通人根本无法触及。

　　洛可可风格的衣着，女装的每个部位都无比精致。领口、袖口、衣襟、下摆等处皆用蕾丝装饰，被蕾丝遮挡的部位若隐若现，似有若无，变幻不定，使女性更为性感。

蕾丝成为极其重要的装饰素材，这与蓬帕杜夫人密切相关。蓬帕杜对蕾丝情有独钟，将蕾丝作为衣着文化中的主要元素，其影响力长达百年之久，甚至连当时的文化、艺术和政治等巨大变革也都发端于她，蕾丝的女权主义文化内涵也是从蓬帕杜这里延伸开来的。

领口的蕾丝小花边浪漫优美，富有特色的袖口蕾丝边饰犹如层层花瓣飞舞，将女性裸露的小臂衬托得更加纤柔，举手投足间女人味十足。蕾丝营造出一种蓬松柔媚的高雅，庞大的裙身和纤细的腰部形成反差，使女性的身姿显得格外优美。

王后玛丽·安托瓦内特将所有的精力都用于打造她的洛可可风格。她的生活就是以蕾丝、绸缎和折扇等为载体，编织属于她自己的洛可可风格的美梦。

18世纪女性塑形服装

关注洛可可风格的女装，就要关注服装的外轮廓造型和款式结构。洛可可风格运用大量 S 形组合，使女装的外在形式美达到顶峰。

紧身胸衣将胸部束裹成圆锥体，形成倒三角形轮廓，与罩裙前中敞开的正三角形相互呼应，这是洛可可时期人们所热捧和追求的圆弧形穹顶造型。裙装的领口较低，胸肩部位袒露较多；前中部分呈V形并下降到自然腰线以下。

衣袖在肘部以上较为合体，肘部以下敞开，呈三角形，与衣身的线条保持一致，完整地体现了女装的洛可可风格。

　　简单而言，洛可可风格女装的完美造型可以归纳为两个几何形状的组合：矩形和三角形。裙撑为矩形，用于衬托臀部的丰硕；紧身胸衣为三角形，用于勒紧腰部以突显胸部，塑造躯干的圆浑感。纤细的腰肢是当时女装美感重点所在，女人们为了追求这种美，不惜忍痛穿着这种紧身胸衣，即使它不利于健康，甚至会危及生命。

　　矩形和三角形组合的廓形主要应用于巴洛克后期流行的长袍裙"罗布·吾奥朗特"（Robe Volante）。罗布主要有两种款式：法国式罗布（Robe à la Française）和1770年后波兰式罗布（Robe à la Polonaise）。这两种款式的腰身都是收紧式，区别在于后背结构不同。

裙撑和紧身胸衣。

左上图中两条裙装皆为法式罗布，华美的织锦显得富丽堂皇。后身宽松，后领以下与肩部的褶裥均匀排列，自然张开下垂。这种又宽又长的拖裙式罗布成为经典样式，以轻柔飘逸的姿态，展现洛可可女装的优雅浪漫。

法国著名画家让·安东尼·华托在很多作品中表现了女装的背部时尚。右上图中裙装用闪光的素色绸缎制成；背后的褶裥整齐规律，有"华托褶"之美称；垂地的裙摆散开，裙裾蓬松，显得优雅自然。

至 18 世纪中后期，越来越多的蕾丝、缎带、刺绣、花朵等装饰物加之于女装，致使洛可可风格极尽奢华。

繁花似锦的华托服，全身布满繁琐复杂的褶裥。华托服风靡了整个路易十五时期，之后出现了以褶裥将裙子分开的英式罗布长袍裙（Robe à l'Anglaise），为法国大革命后古典主义女装样式的问世打下基础。

| 19世纪服饰 |

　　19世纪的服装界在工业革命的推动下，出现了专业化、标准化的产业结构，服装流行达到一个新的顶峰。凭借新发明，诸如缝纫机和缝扣及编织的机器化，使服装量产成为现实。英国人查尔斯·弗雷德里克·沃斯在巴黎开了家以贵妇为对象的高级时装店，就此树立起一面引导时尚的旗帜。服装杂志在欧洲的普及，更促进人们对服装时尚的了解。19世纪的服装时兴简朴的古典美，而纷繁豪华多饰的服装，留恋者也大有人在。

拿破仑·波拿巴帝政式服装

拿破仑对古罗马文化的痴迷，达到近乎疯狂的程度。1804 年称帝后，拿破仑提倡古典主义艺术的全盘再现，憧憬宫廷生活的光彩夺目，想方设法使法国宫廷成为世界上最漂亮的宫殿。他把时装当作国家大事，着装上追求华美的贵族趣味，鼓励服饰奢华，掀起一股豪奢帝政式（Empire Style）风潮。1814 年，反法联军攻进巴黎，拿破仑帝政结束但其服装样式，特别是女装，一直延续到 1825 年。

帝政式男装

从左下图拿破仑加冕图可探知其服饰之华丽。拿破仑身穿用绣花天鹅绒、水貂皮、锦缎等面料制成的长袍，头戴希腊金箔叶花环，手持镶宝石鹰头节杖，极尽奢华。

基本样式

现代男西服的裁剪与缝制技术此时已基本形成。以夫拉克（Frock）、背心基莱（Gilet）和裤子克尤罗特（Culotte）组成的三件套是男装的基本样式。变化最突出的是裤装：中产阶级以"庞塔龙"为主，宫廷贵族则以紧身的克尤罗特为主。

法国大革命中，作为贵族象征的马裤，裤长仅至膝盖。后平民将裤管加长，直至脚踝，如图所示。过去那种及膝马裤仅限宫廷间穿着。

拿破仑大陆军军服。拿破仑以征兵制和志愿兵制取代雇佣兵制，组建了一支新型的法兰西大陆军。大陆军分重装骑兵、轻装骑兵、步兵、炮兵、工兵，其中重装骑兵勇猛善战，军服极为豪华。士兵们头戴古典式带羽饰铜头盔，上身穿蓝上装，外罩钢制胸甲，其表嵌黄铜板和铜钉；下身穿白色半长裤和长筒马靴。轻装骑兵担任侦查和追击，服装也较为华丽。士兵们头戴羽饰平顶圆筒帽，上身穿蓝色窄袖短上衣，腰系饰带；下身穿镶黄边的蓝色马裤和长筒靴。步兵正装色彩以法国国旗的红蓝白为基调。士兵们头戴绒球平顶圆筒帽，上身穿白翻领蓝色燕尾服和白色背心，下身穿带绑腿套的白色半长裤和带鞋钉的皮鞋。

双排扣上衣

19世纪最初的二十年内，男子上衣中间有前襟双排扣，襟长及腰，但侧面和背面陡然加长至膝部，其实根本无法系扣，双排扣形同虚设。上衣下摆从腰部呈弧形向后下方弯曲，越往下衣尾越窄，最后垂至距离膝部几英寸处。这种窄尾衣装类似于后来的燕尾服，被作为礼服广泛穿着，并与礼服大衣配套成为日常服装，如右下图所示。此外，还出现了单排扣大衣和披肩式大衣，有多层披肩，也有比较紧身合体的轻便大衣。

帝政式女装

帝政式女装是路易十六时代新古典主义样式的延续和发展，女人解下紧身胸衣和笨重的裙撑及臀垫，女装向直线形发展，塑造类似拉长的古典雕塑的理想形象。

基本造型

高耸的胸部和高腰身、细长裙、泡泡短袖，为帝政式女装的基本造型特征。

方形领口开得又大又低、露臂，是帝政式女装的代表性特点。袖子的样式有泡泡袖、短帕夫袖（帝政帕夫）、长袖、波浪袖等。随着时间的推移，衣服开始明确区分穿着的场合，如短帕夫袖用作礼仪服、长袖用于外出或家庭便服。注重衣领的多层重叠装饰是帝政式女装的另一特色。

拿破仑加冕典礼上约瑟芬皇后的金丝绒拖地长斗篷与装饰感很强的袍服。服装长及地面，下摆变宽，裙摆量增加，并出现褶饰、飞边和蕾丝边饰的装饰性罗布造型，形成帝政式女装的又一特色。

披肩"肖尔"（Shawl）受到女性的喜爱，成为帝政式女装不可缺少的饰物。

紧身胸衣的改良

1810 年左右，因拿破仑宫廷推崇华丽的女装样式，重视女性内衣，紧身胸衣又悄然兴起。

这种新式胸衣叫科塞（Corset），是经过改良的轻型胸衣。科塞虽强调细腰，但衣长明显增加了，向下延伸至臀部，既能体现女性的曲线美，又可减轻对健康的危害。主要通过胸腹中部面料的纵向拼接，使其达到挺直和平整的效果：前呈锐角，腰腹束紧，背部中央用绳子扎紧；若为前开襟，则用挂钩扣合。科塞的样式与现代女性的胸罩及背心式内衣颇为接近。

沃斯与法国女装

从 17 世纪以来，法国服装就一直是欧洲的代表。法国高级时装的问世，源自年轻的英国设计师沃斯（Charles Frederic Worth）。

沃斯的贡献

1858 年，沃斯在巴黎开了首家以自己名字命名的时装店，服务于当时的法国宫廷和欧洲王室、贵族。

这款作品的问世，让俄罗斯、意大利、奥地利、西班牙等国的贵妇们领略到沃斯设计艺术的高超。她们纷纷赶往巴黎，法国皇后欧仁尼、英国维多利亚女王也慕名前来，成了沃斯的忠实主顾。高级时装由此兴盛，沃斯本人也获得"高级女式时装之父"的称誉。

将签名标签缝在衣服上的做法是沃斯首创的（左上图）。类似创举还可在以下众多"第一"中得到体现：出售设计图给服装厂商、开设时装沙龙、创立巴黎高级时装设计师的权威组织时装联合会（Chambre Syndicale de la couture）、举办真人时装表演。

1864 年，沃斯废除鸟笼式撑架裙，此举轰动服装界。尽管沃斯设计的裙装依旧裙摆曳地、腰节线很高，但整个服装的轮廓线发生了重大改变（右上图）。

"公主线"服装也是在沃斯手中诞生的。他利用省道分割紧身女装，将腰节线降至臀部。西式套装、礼服等女装新样式的问世，女性穿着方式的变化，皆因沃斯高定的首创而起，其影响力延续至今。

新洛可可风格

1852—1870 年，法国第二帝政时期浪漫主义风格渐趋消逝，女装从复古风格转向新洛可可风格。

欧洲第一美女、拿破仑三世的皇后欧仁妮（Empress Eugénie），以她优雅的气质、敏锐的时尚感觉领导法国女装新潮流，开启了新洛可可时代。

欧仁妮与克里诺林式长裙

"克里诺林"（Crinolino）长裙之所以盛行欧洲，与大裙撑的备受青睐密不可分，这是欧仁妮皇后大力推广的结果。

克里诺林长裙的裙撑呈圆锥形，用一种以马尾为经线编织的布制作而成，也可用其他纺织材料替代。这种裙撑为洛可可风格的华丽复兴增添风采。

克里诺林长裙用料轻薄柔软，与喇叭袖上的蕾丝花边相互呼应；裙裾及地，裙摆被圆锥形的裙箍撑开，摆围可达5~9米；裙面有多重花边，饰有贝壳波浪边、缎带、穗、褶等装饰，有史上最美裙子的称誉。

因裙装越做越大，裙摆向后扩张，"克里诺林撑架裙"盛行一时。裙撑内有龙骨架，像个硕大的鸟笼，也被称作"鸟笼式"撑架裙。

1873年问世的前开合紧身胸衣，
已具备现代胸衣的基本要素。

紧身胸衣再现

因裙撑的不断膨大，为强化腰部的纤细效果，紧身胸衣依势再现。19世纪60年代，蒸汽定型工艺的出现，使紧身胸衣的制作更为便利。

巴斯尔、S形等风格

巴斯尔（Bustle）风格裙装常以铁丝、鲸须等制成臀部撑架，穿着时辅以衬裙，使审美重心后移至臀，提升臀部的线条美。巴斯尔风格也称后撑裙式。

1889年沃斯设计的公主线结构墨绿色丝绒裙，款式令人耳目一新。领口、袖口、裙摆等处用网眼蕾丝装饰，袖管紧瘦合体。

巴斯尔风格长裙

巴斯尔风格长裙是沃斯最具代表性的作品。为了强调翘起的臀部，多以蝴蝶结、花边褶等物作为装饰；拖曳的裙摆与臀垫相呼应，色彩艳丽，雍容华贵。

沃斯善于运用奢华的面料和精湛的缝制技艺塑造女性臀部线条：大量对称或对比强烈的面料纹饰呈直线、弧线、斜线或者波浪形，从腰间垂到裙子底边。

S形风格

　　女性正常腰围在 65 厘米左右。1890 年，腰部能系一根长约 50 厘米的腰带才算达标。女性想要让自己的腰围达标，就必须穿着束腹内衣。巴斯尔裙撑至 19 世纪 90 年代演变为优美的 S 形造型，成就了法国新一轮的女装潮流。沃斯正是这种 S 形风格的热情推手。

受新艺术运动的影响，19世纪90年代，法国女性以细腰为典范。

S形曲线造型特点：肩部横向展宽，以肘部为分界点，上身呈灯笼状，下身收紧，变化多端；肥袖造型配合细腰，形成明显的V形，以体现S形风格服装的美感。

这一时期的法国女性参加社会活动和体育运动时穿着的服装样式也离不开S形风格。左图为沃斯系列女子运动服，可见清晰的S形曲线造型。

英国服装变革

英国维多利亚时代（Victorian Era），女王恪守本分、贤良稳重，社会秩序井然、风气保守。在服装方面，女装变得严密繁复，层叠厚重，将女性包裹得密不透风；然而，胸、腰、臀等部位的沙漏状比例却增大了，理想化地表现女性的完美体型。一场服装变革正蓄势待发。

以重装代轻装

19世纪20年代，英国女性抛弃了薄、透、露的古典女装，转向上个年代厚、密、遮的包裹式保守女装，例如紧身外套和宽下摆女裙，兴起了以"重装"代"轻装"的服装变革，用缩小和膨大的方法来展现女装的华美。

"厚密"之美

厚，指的是服装的面料厚度；密，代表重装时期服装的形态特征。这一时期，通过层层叠叠的技法，使裙摆变大、波浪起伏、色彩丰富，提高了裙装的重量感和膨胀感。

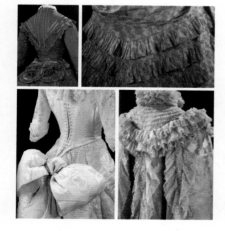

左图展示了维多利亚时代裙装常用的荷叶边、多层次的蛋糕裙、蕾丝、蝴蝶结等装饰。特别是温婉高贵、轻柔飞扬的荷叶边，实为当时英国女性服装必不可少的装饰元素。通过这些饰物对女性身体的层层包裹，反而可以实现比裸露更加神秘的诱惑力。

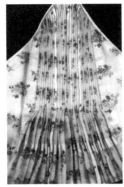

用垂直或平行的抓褶纹理塑造含蓄美。这里的褶皱是构成服装的必要元素，更是通过面料的变化塑造出来的生动而丰富的美学艺术。

"遮盖"之美

出于维多利亚时代保守的社会风气的需要，女人必须把自己严严实实地包裹起来，女装也因此形成了一种"遮盖"美。

19 世纪 70 年代，女子出席夜宴、舞会等场合，可穿敞口低围领的衣服，其他场合的着装须庄重。服装以立领和高领为主，肥大的袖子则代表重装时期服装的另一特征。

袖子造型蓬松，极具欧洲的古典美，衬托女性的华美气质，因而走红整个19世纪。

男女装向现代过渡

　　19 世纪男女装的性别差异得到最大化的体现。很多男性外出工作，由于所处社会环境的需要，衣着开始抛弃奢侈华丽的形态，以无装饰的样式快速向现代过渡。当时的女性大部分时间居家，衣着形态受外界影响不大，继续缓慢地变化着。

"时髦的布鲁梅尔"

　　18 世纪末至 19 世纪，鉴于绅士服装的日趋单调，英国忽然掀起一股"时髦风"（Dandyism），发起者为当时闻名伦敦社交界的乔治·布莱恩·布鲁梅尔（Beau Brunmel），因其具有非凡的服装审美能力，而被誉为"时髦的布鲁梅尔"。

布鲁梅尔的典型装束：假发高髻，戴三角帽；身穿镶袋背心、紧身外套和鹿皮短马裤；装饰考究的琥珀手杖，剑柄镶钻石；领口系蝴蝶花结，鞋扣镶饰钻石；使用手帕、化妆品、金表等。时称"时髦儿"或"潇洒男"（Dandy）。

　　这种装束反映了男士追求女性着装效果的风尚。男装借用女装的造型特点，肩、胸向外扩张以凸显细腰，即所谓的"男装女性化"。这股不一样的流行风流行到法国和其他欧洲国家，促使西方男装的穿着规范化加速。

切斯特菲尔德外套大衣

19 世纪 30 年代，英国绅士在室内室外都会穿着剪裁贴身的常礼服。这种标准行头——"切斯特菲尔德大衣"（Chesterfield overcoat），因其设计者为第六代切斯特菲尔德伯爵（George Stanhope）而得名。这位伯爵与拜伦勋爵等人主导了当时英国男装潮流的转换。

左图所示为切斯特菲尔德大衣，保暖性能良好，适合外出时穿着。

19 世纪，英国率先颁布已婚女子财产法，女性的社会地位得到提升，自我意识逐渐形成，在穿着上开始模仿男性形象。19 世纪下半叶，男装的工艺标准和缝制要求应用于女装，女装急剧向男装靠拢，预示着服装新世纪的来临。

　　进入 20 世纪，西方社会的科技进步和工业发展，以及两次世界大战之后人们对家园建设和经济复苏的热情，再加上各种艺术风格的兴起，使整个服装业精彩纷呈，开创了由设计师主宰流行的新格局。服装风格由古典迈向现代，从强调装饰性演变为注重功能性，进入了一个新的时代。

男装基本款形成

19 世纪以来，男装的款式变化幅度较女装来说相对要小一些。20 世纪的"孔雀革命""年轻风暴""休闲风"等事件，对男装色彩、穿着样式、服饰理念这三方面产生了重要影响，为现代男装奠定了基础。

西式套装

套装是指男士穿着的由同一面料制作而成的上衣、背心、裤子组合，即三件套（suit），又有"工作套装"或"实业家套装"（Bussiness Suit）之称，为现代套装的原型。

套装的形式可分为三件套和两件套。左图为三件套基本结构：上衣为两粒扣，八字领，左胸有手巾袋，两侧设双开线夹盖袋，圆摆，后身开衩，袖衩有三粒装饰扣。背心为前襟五粒或六粒扣，上下四袋对称设计。裤子有侧斜插袋，臀部左右各有一袋，单开线或双开线，因右袋使用频繁，仅左袋上设一扣，裤脚口可翻边。20世纪，欧洲男士在正式或非正式场合都穿着套装，这种时尚进而影响到国际社会。

对男装时尚影响最大的人，非威尔士王子（即后来的温莎公爵）莫属。他于 1901 年登基为爱德华七世（Edward VII)，对皇家乃至整个社会的时尚起到了示范推动作用，连他的公爵封号也成为服装的名称，其中"温莎领"风靡至 20 世纪末。

威尔士王子非常注重细节搭配，图为其经典装束：缎面礼帽、三件套西服套装、长至膝盖以下的毛呢大衣以及手工制作的皮鞋。

20 世纪五六十年代后，受休闲风影响，服装由追求男子强壮体型的宽肩造型朝舒适合身样式（American Natural Look）过渡，综合美、英、意时尚的窄版流行西服问世。

意大利设计师乔治·阿玛尼重构传统箱型西服，将意式浪漫时髦与大不列颠绅士风度巧妙结合，款式更为简洁、优雅，不仅易于成衣化生产，而且深受世人欢迎。这种休闲西服简化了繁复的内部构造，令穿着更舒适。

军装风采

军服是军队的专用制服，以适应战场需要为设计的最终目的。在 20 世纪爆发的两次世界大战中，作为服务战争需要的军大衣、夹克等装备发挥了极好的保障作用，也成就了平头百姓的穿着要求，更是市场的热捧对象。

风衣外套最初是士兵穿着的战壕服，它的材料具有防雨、防风、防寒的功效。1901年，博柏利（Burberry）设计出第一款风衣，一战爆发后，博柏利风衣被指定为英国军队的高级军服。

以二战为背景的电影《北非谍影》剧照：好莱坞银幕硬汉汉弗莱·博加特所穿的带有腰带和肩带的双排扣防水外套，就是为了适应战场需要而经过改进的博柏利风衣。

夹克衫（Jacket）的词意相当宽泛，包括西装以及前开襟上衣。夹克衫的基本廓型为倒梯形，宽肩，衣长至臀部。由于夹克衫穿脱方便，且具有防风防雨功能，受到各年龄层男士的喜爱。

20世纪六七十年代以后，夹克衫的款型设计趋向功能化，运动夹克、轻便式夹克和休闲夹克等纷纷面市。

飞行员夹克。

电影《美国飞车党》（The Wild One）剧照：男主角马龙·白兰度身穿翻领、收腰黑色机车皮夹克，戴鸭舌帽和同色皮手套，下身为深蓝色牛仔裤，漫不经心地斜靠在摩托车上。

　　马龙·白兰度这身装扮一经电影的传播，迅速成为摇滚青年所热衷模仿的经典形象。20 世纪 70 年代中后期，军装元素成为朋克服饰中的重要组成部分，形成一个全然不同的，在八九十年代异军突起、自成流派的服装风格。

　　二战结束后，不少军装受到民众喜爱，成功地转为民用时装。空军飞行员穿着的拉链闭合门襟飞行夹克（Bomber），就受到不少年轻人的青睐。

艾森豪威尔将军在二战时驻守伦敦，任盟军总司令时主持设计的夹克大受美军赞赏，被誉为"艾克"夹克。

　　20 世纪男装还出现了针织套头衫、T 恤衫、裤装及至充满叛逆的 1970 年代，向街头服装学习，卡尔文·克莱恩（Calvin Klein）设计的牛仔裤获得辉煌业绩，都是不可忽略的男装时尚。

二战前的女装

20世纪20年代，女装处于新旧交替的阶段，努力摆脱装饰繁缛、妨碍行动的传统重装的束缚，追求简约、舒适、便于活动的休闲装，出现了以直线构成为中心的各种女装外形，成为现代女装的开端。

女装男性化和夫拉帕

女装变革始于19世纪90年代S形时期，巴斯尔臀垫被废以及"吉普森女郎"形象（1902—1908年）使女装摆脱了19世纪的人为矫饰，迈向自然健康的服装形态。女装男性化使欧洲的窄衣文化系统发生巨变。

自1924年开始，夫拉帕（Flapper）大为流行，夫拉帕一词成为年轻女性的代名词和文化符号。

夫拉帕虽不着意强调女性胸部，但其自然的褶皱、柔软的布料、长长的腰带、袖口和裙摆不规则的边缘线所营造出的外形，使女性显得既梦幻又强韧。

著名的香奈儿套装实现了妇女们许久的期待。这款套装包括上衣、套头衫和下裙，廓型是典型的H形，肩部自然，腰身放松，本料腰带，是一款雅致的现代女装。香奈儿套装不仅适合日常穿着，而且在运动和跳舞时令人活动自如，服装的功能性得到体现。

　　1926 年，香奈儿又一经典作品诞生，即新一代女性的正式晚装——小黑裙。

这款小礼服通身设计简单、清瘦纤细、朴素单纯，极大地缩短了以往礼服的长度，彻底颠覆了以往礼服的造型，成为"百搭易穿、永不失手"的经典款式。

运动休闲服装

　　20 世纪 20 年代，女性解放思潮甚烈，她们喜欢参加打网球、骑自行车、骑马等体育活动，热衷于穿着比较随意和舒服的运动装。

这些时装是设计师精神气质超越时代发展的体现，为满足女性衣着需求提供便利，宽松的毛织服装非常适合运动时穿着。

香奈儿根据战争环境，采用男内衣的毛针织面料设计的一组套装新系列，样式为男式女套装、平绒夹克和长及腿肚的裤装，夹克内搭女衬衫"布劳斯"（Blouse），翻领，领口大而低，呈V字形。这是一战后女装的流行式样，时髦随意，非常吸引年轻女孩。

裤装曾是男性的专利，这个禁令被香奈儿打破了。宽松的沙滩裤（Beach Pajamas）与高尔夫和滑雪等运动着装是香奈儿对服装业的新贡献，自此开辟了一个崭新的设计领域：运动休闲装。

简朴与奢华并行

　　源于法国巴黎的装饰艺术与高级时装完美融合，迎来巴黎高级时装的第一次鼎盛，并风靡欧美世界。1925 年，定制时装业占全法国出口总量的15%，总计服装出口量为 29 592 吨，营业额为 2 401 亿法郎，服装业的出口额排到了法国所有出口产品的第二位。

通过斜裁、垂悬、围裹的手法塑造腰线明显、臀部收紧、下摆展开的裙子廓型，线条流畅洗练，妩媚雅致，既展现女性的流线型体型，又不过多暴露身体。

穿长裙成了时尚：既保持了优雅的曲线美，更塑造了极致的优雅形象。这就是 20 世纪 30 年代女装承前启后的服装风格：优雅淑女风格。

随着交际舞的流行，暴露的肩部和背部成为设计重点，皮草披肩风靡一时。披肩面积虽小，但用料奢华，能御寒保暖，是一种品位的象征，体现女性的优雅气质。

皮草可作为披肩悬垂荡在臂弯间，也可作为局部点缀，镶嵌在裙摆、领口、袖口。

设计师品牌

人们不难发现，流行时尚和时代风格的背后都有设计师的掌控。设计师才是时尚舞台上"最有"话语权的人，是流行风向的决定者。

简化造型第一人 Paul Poiret

保罗·波烈（Paul Poiret），面料商之子，曾是沃斯时装公司的学徒，从 1904 年开始独立经营，主张设计要用"减法，而不是加法"，着意于解放被胸衣束缚的西方女性躯体，恢复妇女胸部的自由。

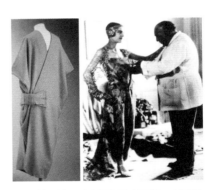

波烈的设计灵感来源于日本和服、中国旗袍、阿拉伯长袍等充满异国情调的东方服装。

波烈的贡献在于全新的穿衣理念，以及改变服装的结构设计。他还是首位推出香水品牌的设计师，因而有"20世纪第一位设计师"之誉。

优雅风格Coco Chanel

香奈儿（原名Gabrielle Bonheur Chanel，不幸的童年造就她倔强的个性，并体现在香奈儿品牌的经营中。

1913年，香奈儿在巴黎创立第一家时装店，由她推出的针织羊毛运动装或许就是最早的现代女性户外休闲装。在长达50多年的服装经营生涯中，香奈儿产品涉及服装、珠宝饰品、配件、化妆品、香水

崇尚色彩单纯素雅，拒绝繁复堆砌的累赘，高雅、简洁、精美，构成了香奈儿服装经久不衰的原因。

等各大类。她的传奇一生以及强悍独立的个性，更是她从事服装设计不可或缺的强力后盾。

超现实创作 Elsa Schiaparelli

艾尔莎·夏帕瑞丽（Elsa Schiaparelli)，出生于罗马的名门闺秀，以设计帽子起家，1927年开始进入时装界。她的时装用色如野兽派画家般强烈，被法国时尚界评为具有马蒂斯风格，给20世纪20年代的服装界带来了活力。

她的设计十分重视穿着舒适合体。她对服装造型的理解如同雕塑家，其服装有如雕塑般的观感，其构思别具一格、出奇制胜，给法国时装带来古希腊、古罗马式的气息。

艾尔莎·夏帕瑞丽的杰作"扣在头上的鞋——帽子"。

"时装界的独裁者"Christian Dior

克里斯汀·迪奥（Christian Dior），出生于法国富商家庭，从小对艺术抱有浓厚兴趣。20 世纪四五十年代的服装设计巨匠：重建二战后女性的美。

"花冠形"一词首次出现在1947年2月12日的法国热点新闻。这款服装的肩线圆润流畅，胸部柔和丰满，腰部束紧收细；离地20cm的宽摆长裙微展，大胆地让女性露出双腿；搭配圆形帽、长手套、肤色丝袜与细跟高跟鞋，展现纤美的女性气质，宣告军服样式的耸肩男性造型女装时期的结束，由此开创高雅女装时代：性感自信、激情活力、时尚魅惑。

继"花冠形"之后，迪奥又陆续设计了椭圆廓形、郁金香造型，并将自创的 H 形、A 形和 Y 形等廓型带入时装界，成为时装界著名的设计师。迪奥就是绚丽的高级女装的代名词，也象征着法国时装文化的最高精神。

时尚传奇——朋克教母 Vivienne Westwood

维维恩·韦斯特伍德（Vivienne Westwood，原名 Vivienne Isabel Swire），1941 年 4 月 8 日出生于英国。1971 年于伦敦国王路 430 号开店，陆续将店名改为"性""叛逆者""世界末日"，足见其挑战传统的精神特质。她极擅长把不可想象的材料和样式组合成一个个怪诞、荒谬的造型，赢得西方年轻人的纷纷喝彩。其实，这只是一种探索。她说："我不是刻意要叛逆，我只是找出有别于常规的其他方法。"

金发蓬松、目光犀利、神采飞扬、气质另类的英国摩登女王维维恩·韦斯特伍德在她40余年的创作岁月中，常引入亚文化和朋克的元素，向时装界的传统挑战，冲击传统服装美学，创造了数不胜数的异样风潮。

鉴于维维恩的时尚建树，她在 1992 年荣获帝国荣誉勋章（O.B.M 奖），2006 年更被英国女王授予女爵士称号，从而极大地加深了朋克风格的市场影响，因而被誉为"20 世纪最伟大的设计师"。

引领中性风格 Giorgio Armani

乔治·阿玛尼（Giorgio Armani），1934 年出生于意大利北部小镇皮亚琴察。少年时代就读当地公共学校时迷上了戏剧和电影，却被父母送到米兰学医，三年后入伍，任助理军医。1957 年退役，来到著名的丽娜桑德百货公司，担任采购和橱窗设计师。四年后，阿玛尼担任意大利设计师尼诺·切瑞蒂（Nino Cerruti）的助手，开始在时装界崭露头角。1974 年，阿玛尼与好友赛尔乔·加莱奥蒂（Sergio Galeotti）合资，创立了以自己的名字命名的男装品牌乔治·阿玛尼（Giorgio Armani）。他推出的第一个男装系列外套具有斜肩、窄领、大口袋的特点，受到世人好评，他也被称为"夹克衫之王"。

理查德·基尔在其主演的电影《美国舞男》中穿着乔治·阿玛尼品牌的套装。20世纪70年代末，阿玛尼在之前的男装基础上，将男西装的领部加宽，增加胸腰部的宽松量，推出的倒梯形造型颇具创新性，阿玛尼品牌的独特品位开始形成。经理查德·基尔的演绎，阿玛尼品牌迅速走红。

阿玛尼游走于两性之间，自创独特的中性风格，打破阳刚与阴柔的界限，他的设计兼两者之长，获得市场的认同。他改变了男上衣过于硬朗的外观，将男装造型特征移用至女装，使女装具有干练、优雅的中性美，从而赢得了"80年代香奈儿"的美誉，服装业由此进入"阿玛尼的时代"。

其他设计师品牌

意大利的瓦伦蒂诺·加拉瓦尼登（Valentino Garavani）、缪西亚·比安奇·普拉达（Miuccia Bianchi Prada，小名为 Miu Miu）等著名设计师也是行业的佼佼者，对时尚产业的发展作出了重要贡献。

法国的休伯特·德·纪梵希（Hubert de Givenchy）、皮尔·卡丹（Pierre Cardin）同样受世人瞩目，前者是尊贵高雅的代名词，后者最早来到中国传播时装概念，是20世纪八九十年代中国服装市场中最知名的外国品牌。